波尔多

1855年列级酒庄

图书在版编目（C I P）数据

波尔多1855年列级酒庄/（美）马卡姆，（荷）冯·洛文，（法）费兰著；刘艺，张宏，张普译．—太原：北岳文艺出版社，2009.12（2012.6重印）
ISBN 978-7-5378-3296-0

Ⅰ．波…　Ⅱ．①马…②冯…③费…④刘…⑤张…⑥张…　Ⅲ．葡萄酒－文化史－法国　Ⅳ．TS971

中国版本图书馆CIP数据核字（2009）第214116号

书　名	波尔多1855年列级酒庄
著　者	（美）马卡姆　（荷）冯·洛文　（法）费兰
译　者	刘　艺　　张　宏　　张　普
责任编辑	谢　放
助理编辑	庞咏平
出版发行	山西出版集团·北岳文艺出版社
地　址	山西省太原市并州南路57号
邮　编	030012
电　话	0351-5628696　5628697（发行中心） 0351-5628688（总编办公室）
传　真	0351-5628680
网　址	http：//www.bywy.com
E－mail	bywycbs@163.com
印刷装订	山西臣功印刷包装有限公司
开　本	889×1194　1/8
字　数	320千字
印　张	40
印　数	2001-2800册
版　次	2009年12月第1版
印　次	2012年6月太原第3次印刷
书　号	ISBN 978-7-5378-3296-0
定　价	980.00元

波尔多

1855年列级酒庄

前言作者：让－保尔·考夫曼（Jean-Paul Kauffman）
序言作者：休·约翰逊（Hugh Johnson）
正文作者：小德维·马卡姆（Dewey Markham Jr.）
葛纳利·冯·洛文（Cornelis Van Leeuwen）
弗兰克·费兰（Franck Ferrand）
摄影师：克里斯第安·萨拉蒙（Christian Sarramon）
中文译者：刘艺、张宏、张普

山西出版集团
北岳文艺出版社

本书中文版获“世界美食美酒图书2010年最高大奖”。

在世界众多城市中，城市名与物产名合二为一的城市能有几座？物华天宝，它曾经并且仍在赋予我们财富。这就是波尔多与波尔多酒！

我们这座城市，全世界几乎无人不知，这很大程度上归功于波尔多葡萄酒的巨大声誉。

作为我们经济不可或缺的因素，波尔多葡萄酒，凭借优异独特的“风土”，凭借酿造者们的激情和智慧，成为我们伟大遗产的一部分。我们倾力捍卫这份遗产，因为我们为之感到无比自豪。

阿兰·朱佩

波尔多市市长　法国前总理

谨以此书向我们世世代代的前辈们致敬，向今天的酒庄经理、葡萄园管理者、酿酒师和酒农们表示感谢：为了保证1855年列级酒在每个年份都具备独特而唯一的品质，他们仍在这片土地上日复一日地辛勤耕耘着……

菲利普·卡斯德亚（PHILIPPE CASTEJA）

波尔多1855年列级酒庄协会主席

出版者注：本书仅收录了波尔多1855年法定分级体系所涉及的列级酒庄，这些酒庄以出产红葡萄酒为主，且均为波尔多1855年列级酒庄协会会员。

目录

早在1855年分级体制创立之前，有些城堡周围就已遍布了葡萄园，如P2图片所示的帕纳－杜克酒庄（Château Branaire-Ducru），人们虔诚地在那里完成近乎神圣的使命（左图），该图取自吉事客酒庄（Château Giscours）内的漆器浮雕，雕刻者让·杜朗（Jean Durand）。

奠基之作

大道至简。波尔多葡萄酒的至尊地位或许正是基于其简单明了的分级体制，它引领我们直达目标。这个排行榜具有让事情一目了然的力量、清晰度和简洁性。它赋予了波尔多葡萄酒一种独特的风范，令其他酒区羡慕不已。这一分级体系是一种理想化的象征，它使波尔多葡萄酒率先建立起了和谐秩序。更令人惊奇的是：它还激发了梦想与渴望，就像骑士团分级制一样。历经时代沧桑和浴火考验，这60多位入围者宛如今世的圆桌骑士，它们是一个世界性的团体，代表着一种历史传承，更代表着一种价值。人世代谢，美酒长存。1855年以来，世代更替的酒庄主人们，不过是这些美酒的托管人。对入围酒庄而言，这一分级体系在赋予它们合法性的同时，也意味着一种不得违背的约束。

这些酒庄大名鼎鼎，超越时空。它们享有特权，却需不停地自我证明，否则就会丧失资格。它们承担义务、严格执行150年前所作的承诺，以保证这一分级体系的合法性，使其被世人普遍接受。一直以来，这一分级体系很好地解决了责任感的问题，而这正是我们当今社会的核心价值所在。令人敬佩的是，这些列级酒庄虽偶有瑕疵，至今却无一消亡。

当今时代，违规无处不在，人们弃实慕虚、怀旧之意渐失，但1855年分级体系，历经多年，硕果犹存，体现出一种稳定性和创造性，一种从未消失的思想与行为方式。在其他领域，罕有一种奠基之作，能够超越古今。这一古老的分级体系，如同一座古建筑，优雅如初，历久不变。而且，与那些陶醉于昔日成绩和权威的自恋狂不同，这一分级体系今天仍然鲜活地实践着，其权威性仍然卓有成效，因为它反映了葡萄酒的根本属性。波尔多酒是名列第一的现代葡萄酒，其现代性，很大程度上要归功于分级体系这一杰作，它融合了理性与实用主义，反映了1855年之前近半个世纪的市场估价状况，达到了令人难以企及的高度。其他酒区一直不停地模仿它，但没有任何分级体系能与之媲美。其现代性，还基于波尔多“风土（Terroir）”与人的完美契合，1855年分级体系正是在最佳时点上对这一契合的精准度量。假设我们今天以同样标准对波尔多酒重新分级，我们仍将会得到同样的结果。

事实上，很久以来，这一等级划分不只是一种分级体系，而更像一个活生生的人。透过众多酒庄的名字，列级酒庄更像是一个密不可分而又个性鲜明的群体，它们在保证群体同一性的同时，还保留着各自的独特性。在如此矛盾的基础上，这一体系竟然能长期维持，或许，这种情形一旦确立，就必将永恒。这不仅归因于其象征性，更归功于其绝对唯一的凝聚力。五级分类的建立和推行，井然有序，没有异议。分级体系代表着一个群体，每个酒庄都是群体的一部分。当然，它也会引发某些不满：试图重新修订1855年分级体系的全民游戏，150年来从未间断过。对这一奠基之作的批评，一直是酒业记者、侍酒师和专家们最热衷的“健身运动”。但这些争论，不仅没能削弱1855年分级体系，反而使它更加坚实、稳定并充满活力。愈攻愈强的结果，着实令攻击者恼怒不已。

法国是个变化无常的国度，想想第二共和国以来先后颁布了多少部宪法，又有多少部条例和法令从未付诸实施，而这篇奠基之作能生效至今，实为罕见。终于有一次，法国式的执著和倔强表现出了其积极的一面。

不能忘记的是，这个分级表由葡萄酒经纪人制定于克里米亚战争期间（1853年～1856年，英法等国与俄国争夺巴尔干半岛控制权的战争。–译者注）。当时的法军统帅之一麦克马洪，在占领近乎废墟的马拉克夫要塞时曾写道：“我占，即我有。”而1855年分级体系这座丰碑，作为波尔多葡萄酒世界的完美体现，自建立之日，几乎从未遭到毁坏，屹立至今。

列级酒庄的诞生

今日的酒庄，景色宛如花园一般。宽阔的花园里，小径纵横，林木茂盛，雄伟的城堡引人注目。如此美景，尽显酒庄主人的努力、自豪与愉悦之感。

然而，400年前，这里却是另外一番景致。当时，这是一片蛮荒之地，零星村落散布在这片贫瘠的沼泽地上；远山和近海之间奔腾的条条溪流把当地的人们联系在一起，他们靠葡萄、农耕、果树和放牧来维持生计。

当时的人们难以想到，这里会是一片风水宝地，三代之后，竟然会有一个梅多克人把酒庄地里的石头打磨成纽扣，镶在衣服上：这就是尼古拉－亚历山大（Nicolas–Alexandre）的做派，他被封"西古侯爵（Marquis de Ségur）"，拥有拉斐、拉图、木桐和加隆·西古四大酒庄，世人称之为"葡萄王子"。

梅多克（Médoc）地区位于波尔多城与大西洋之间。得益于得天独厚的战略位置，这里的商贾靠海上贸易赚钱，梅多克地区也因此注定依靠对外贸易扩张。那些行走于宫廷和商会之间的达官巨贾们，此前不是没想过要在这里拥有一片领地，之所以没从北边染指梅多克地区，只是因为这里是一片沼泽。后来，荷兰人的到来，才让他们改变了主意。

今天，路经梅多克地区的人们，看到的则是另一番景象：葡萄田如山丘一般波浪起伏，被一条条栽着杨树的小路切分成块、环绕包围。从拉斐酒庄的平台上，我们俯瞰到一片精心打理的菜园，稍远是一片杨树林，最后是砂砾土质的葡萄田坡地；极目远眺，依稀可见科·埃斯图耐尔酒庄（Cos d'Estournel）中国风格的尖塔，波雅克产区（Pauillac）和圣爱斯泰夫产区（Saint–Estèphe）的葡萄田坡地在此地完美交汇，郁郁葱葱，一望无际，坡地山谷间水流潺潺。摊开梅多克地图，我们会看到河流纵横、水渠交错、排水系统完备，这些都是荷兰人在17世纪留下的杰作。

排水系统赋予了这个地区生命。科学也证明：土壤条件与酒的品质密切相关。在本能和经验的驱使下，最早的一批投资者来到这里，最大限度地开垦着这块看似无用的土地。他们平整土地，修剪清理果园和林木，栽培多品种的葡萄。这些是偶然的吗？绝非如此。口口相传起到了主要作用。人们相互比较收益多寡，彼此联合。为什么呢？为了尽可能酿出最好的葡萄酒：一种能满足上流社会优雅需求和口味变化的葡萄酒。此时的波尔多俨然成了搭满脚手架的工地，到处都在拆除中世纪的老旧房舍，修建起一幢幢崭新的石质城堡。这一理念，也同样被用于这片"风土"上的葡

P11：三位一体的空酒杯，由艺术家精致摆放，令人在品酒前就已感受到平衡和饱满。

萄酒：以细腻代替粗糙，探索一种和谐和文明生活的全新表达方式。

没有任何先例可循。如何栽种葡萄？如何朝向布局？如何剪枝？最适合的葡萄品种是什么？是否需要施肥？何时采收葡萄？怎么踩压和发酵？何时是葡萄皮汁分离的最佳时刻？压榨后余下的苦涩葡萄汁能否使用？采用哪种橡木桶？要等多长时间才能装瓶？哪种口味和香气才能保证成功？

梅多克的葡萄种植，更多是基于商业需求，而不是为了满足贵族田园生活的口腹之欲。最好的酒都优先卖给了波尔多北面的那个多雾而不亲法的岛国（指英国。－译者注）。为了品尝此世间美酒，那里的上流社会不吝价格，一掷千金。一级酒庄的酒，不仅酒质最佳，而且是最早进入这个新市场的酒。紧随其后的，是那些毗邻一级庄的二级酒庄。此后，在这片尚处荒芜的风水宝地上，逐渐建起了越来越多的酒庄。如此这般，50多年之后，在玛歌产区（Margaux）、圣于连产区（Saint-Julien）、波雅克产区（Pauillac）和圣爱斯泰夫产区（Saint-Estèphe）所有适宜种植的地块上，从南到北，从东到西，全都种满了葡萄。

P14：在不同气象条件下，北部，一个遥远的村庄。上图，圣爱斯泰夫产区（Saint-Estèphe）的田园风光并不能完全说明梅多克葡萄田最北端的景象，因为那里经常是雾气弥漫（见前页图片）。右图所示的拉斐酒庄位于波雅克产区。

梅多克地区的众多酒庄主要兴建于18世纪，其始建时间可能略早，最后完工时间则稍晚于此。18世纪正是法国启蒙运动时期，因此，酒庄建筑理性多于狂热。酒庄围绕生产活动而建，发酵车间和马厩是酒庄内的重要建筑，它们都按当时的最新技术进行设计。在众多酒庄中，玛歌酒庄和贝契维酒庄（Château Beychevelle，又译“龙船酒庄”。－译者注）以建筑风格雄伟著称，其他酒庄则建得中规中矩，既让访客有宾至如归之感，又兼顾酒庄主人居家的舒适性。按当时的风尚，酒庄多建有一座角塔以示炫耀。

正是这种建筑与功能的完美结合，赋予了这些酒庄以魅力和风格的同一性。相对于酒神之狂热，这些酒庄似乎更具有太阳神之理性——优雅与和谐。从酒窖里一字排开的几百个橡木桶，到客厅内朴素的墙纸和直背椅，酒庄没有任何东西是为了在访客面前炫耀。细节最有说服力，正如本书照片所展示的那样。所有一切，都是为了那个隆重时刻的到来：捧出美酒，细观酒标，紫红色的酒液倒入水晶杯。

的确，这里的美酒天下独尊。它的红色炫目亮丽，胜过红宝石；它的味道让人感受到雾气与果香、葡萄的柔顺与海滨的浓烈、浅橡木的海堤木桩与大西洋的熠熠波光；它还能瞬间唤醒你关于玫瑰香气的强烈记忆。它让人的喉咙有一种奇特的收敛感，使人感觉到葡萄成熟度及其苦涩的细微变化、气候的炎热和凉爽，像迷一般若隐若现。它愉悦着我们的灵魂与肉体。

在这片土地上耕耘劳作的“酒农”、“酒商”们逐渐发现，人力有限，不能胜天。要根据气候的细微变化（靠近河流的地方气候更温和）来选择葡萄品种；土壤中砾石、沙土与黏土的不同比例，决定了要采用不同的排水系统，应该栽种赤霞珠葡萄（cabernet sauvignon）、还是梅洛葡萄（merlot）。当然，还需要时间和耐心，客户在其中也扮演着重要角色：他们或许等到（需要等待多年的耐心）、或许错过（等待多年后放弃）葡萄酒“伟大年份”的降临。当然，即使是“小年”，如果酿造得法，我们也能从中找到美妙的感觉。

今天的酒庄主人们都有着共同的梦想，他们为此奉献出了自己的全部技能和精力。波尔多有一台古老的计算机，在这台机器上，当地富有经验的葡萄酒经纪人们早已为众多美酒编好了程序。这台计算机在1855年得出的运算结果，成就了著名的分级体系。150多年过去了，人们仍在议论不休，但它始终如初。

一百五十年的辉煌

小德维·马卡姆（Dewey Markham，Jr.）

1855年酒庄分级体制是波尔多历史发展的一面镜子。这份葡萄酒目录不仅表现了波尔多葡萄园的等级划分，还反映出了本地区的历史渊源、葡萄酒贸易及酒庄情况。

受其地理位置决定，波尔多很早就与贸易结下了不解之缘。波尔多城始建于加龙河岸边，早在古罗马时期，这里就成为将内陆葡萄酒销往意大利的海运集散地。后来，当波尔多地区大面积栽种葡萄并成为葡萄酒的重要产地后，葡萄酒贸易继续进行，并以海运对外销售为主。一个原因是其国内销售不堪重税：在法国，高品质葡萄酒的消费者都是生活在巴黎和宫廷的王公贵族，而波尔多葡萄酒在运往巴黎的长途旅行中要经过重重关卡，多次上税；那些离巴黎较近的葡萄产地，如勃艮第或香槟省，那里出产的酒路途近，上税少，价格易于接受。

因此，波尔多葡萄酒从一开始就是面向国际市场的。在17世纪，其买主主要是荷兰人和英国人，他们都要求波尔多葡萄酒要具有个性和高品质，但方式不同。

荷兰人要求葡萄酒的价钱要好，质量位居其次。因为他们购买葡萄酒主要是为了转手运往海外殖民地，精致细腻的酒不易完好无损地运抵目的地。为了使葡萄酒在长途运输中得到很好保存，并使其成熟得恰如其分，荷兰商人采用了一些技术手段，例如，装酒前先在储酒桶内燃烧硫磺，起到灭菌作用，防止葡萄酒变质，这比巴斯德发现细菌还要早几百年。荷兰人虽然不知道其科学依据，但在实践中发现硫磺可以抗菌，有助于葡萄酒的保存。多亏了这些技术手段，荷兰人向我们揭示了波尔多葡萄酒不必在浅龄时饮用，恰恰相反，待其成熟后效果更佳。

英国人是波尔多葡萄酒的另一批爱好者，他们有着完全不同的需求。英国人买酒是为了自己消费，船运也很快捷，因此，英国人需要的是高品质葡萄酒。波尔多葡萄酒在英国上流社会成为时尚，以至于酒价不断攀升。在17世纪40年代，客户只需订购梅多克地区的葡萄酒就能得到高品

P17：没有什么比波尔多葡萄酒经纪人"塔斯特&洛顿（Tastet&Lawton）"公司的账本更精确、更仔细。图示为"塔斯特&洛顿"公司档案。

1936
1939
1940
1943
19

P18：戴着同样的假发，穿着同样的服饰，但二者时间相差半个世纪，上图是阿诺德三世·德·彭塔克（Arnaud Ⅲ de Pontac），下图是尼古拉－亚历山大·德·西古（Nicoals-Alexandre de Ségur）"，世称"葡萄王子"。他们都非常熟悉波尔多码头，右图正是韦尔内（Vernet，法国18世纪著名海景画家－译者注）笔下的法国港口系列画之一。

质的保证，当时的葡萄酒价目单显示，波尔多酒已经按其几大产区来划分了。但随着时间推移，客户要求更为细化，主要锁定在几个酿酒技术出色的村镇。从17世纪下半叶起，酒的目录中也出现了一些格拉夫产区（Graves）酒，如佩萨克村（Pessac）。

在其后的几十年间，英国人对波尔多酒产地的认识越来越细化了，在细化到村镇后，他们又进一步细化到了一些著名酒庄。一般认为，这始于奥比昂酒庄（Haut-Brion）主人德·彭塔克（Arnaud de Pontac）的商业创意。在伦敦1666年大火后的重建过程中，彭塔克派他的儿子去伦敦开了家酒馆，名叫"彭氏总店"，作为展示其酒庄葡萄酒的窗口。很快，这个酒馆及其葡萄酒就风靡伦敦上流社会。买波尔多酒时直呼庄名，成为很体面的事。到17世纪末，客户已不再满足于只订购佩萨克村的酒，他们会要求酒商提供奥比昂酒庄的葡萄酒。

奥比昂酒庄不是唯一一个被英国消费者所认知的酒庄。还有另外三个酒庄也同样知名：位于玛歌产区（Margaux）的玛歌酒庄、位于波雅克产区（Pauillac）的拉图酒庄和拉斐酒庄。

这四家酒庄的葡萄酒，品质无与伦比，声名远播，供不应求，以致价格远高于其他波尔多酒。因此，奥比昂酒庄、玛歌酒庄、拉图酒庄和拉斐酒庄自成等级，人称："一级酒庄"。

在18世纪中叶，其他酒庄也认识到了，提高葡萄酒的质量能带来商业利益。他们开始致力于酿造好酒来吸引英国有钱人的注意。有几家酒庄逐渐在市场上建立了好名声，虽然他们的酒价还没有一级酒庄那么高，但已经很接近了，这些酒庄被称作"二级酒庄"。

这一等级包括12家酒庄。此时，其他一些酒庄也开始从其村镇名号下脱颖而出，它们虽然还没有像一级和二级酒庄那么出名，但其质量越来越好，在分级体系中注定会占有一席之地。

1787年春，当杰弗逊（Thomas Jefferson，后来成为美国第三任总统。一译者注）到访波尔多时，这一分级体系才刚刚收录了"三级酒庄"这一等级。随着三级酒庄在商业上取得成功，人们又考虑在它下面再添加一个等级。19世纪20年代的酒价表显示了这一分级体系的变迁：四级酒庄面世，三级酒庄行列里又补充进了一些新面孔。至19世纪50年代早期，波尔多葡萄酒的商业等级已经包含了60家酒庄，分为五级。

酒庄在分级目录上的排位与其葡萄酒在市场上的售价有着直接联系，但随着时间的推移，酒庄在名录上最初的排位会与其后来表现出的真实水平产生差异。这种现象在19世纪上半叶越来越多，直到今天仍然存在，例如，某些低级酒庄的葡萄酒售价与高级酒庄相同。

当时，这个从高到低排列的商业分级体系，是根据酒庄的表现与市场的变化而不断调整的。在17世纪初，最讲究的葡萄酒产自格拉夫产区；其后，梅多克成为优秀的葡萄酒产区，大获成功，其酒价也大幅攀升。到19世纪中叶时，只有奥比昂酒庄的酒价才能媲美梅多克酒，奥比昂酒庄成为入围最高等级的唯一一款格拉夫酒。除它外，波尔多其他任何产区的葡萄酒都不能奢望与梅多克酒卖得一样贵。

这个分级体系还是当地葡萄酒贸易的基石。所有参与者，包括酒庄生产者、酒商和经纪人，都对每个酒庄的等级耳熟能详。分级表本来是为业内人士而定，但它却在社会上广为流传。在整个19世纪，这个分级表曾在多处出现，特别是在当时越来越多的面向葡萄酒爱好者的著作中，诸如《葡萄酒名庄全图》（于连1816年著）、《古老与现代葡萄酒的历史》（亨德森1824年著）、

《当代葡萄酒的历史与现状》（李丁1833年著）。这个分级表在国家政治文件中也曾被多次提及，例如1855年英国议会的《英法贸易关系报告》、法国农业与商务部主持的《1847和1848年葡萄种植与产量变化的调研报告》。在当时大量出版的旅游指南中，这个不断变化的分级表也被广为引用，如1825年后多次再版的《外国人旅行指南》及《波尔多：红酒之乡》一书（库克著，1846年出版，后更名为《波尔多及其葡萄酒》，成为波尔多酒的圣经）。当时，这个分级表每次再版印刷时，波尔多的酒庄、酒商和经纪人都要根据最新市场情况来调整，消费者也都习惯于根据这个分级表来了解波尔多最好的葡萄酒。

酒庄主人都以入围列级酒庄为荣，而这个分级表更能给他们带来实实在在的好处。每年春天，当新酒出窖准备销售时，酒庄主人都要与酒商一起给葡萄酒定个合理价格。作为法国最大的省份，波尔多主要的经济活动就是葡萄酒，可以说，定价合理与否，关乎波尔多的经济前途。试想，几千家酒庄生产者卖酒给几百名酒商，如果每年都从头讨价还价，会是怎样的混乱。分级成为简化谈判程序的有效手段。

在很长一段时间，这个分级表都起着市场价格表的作用，它使交易双方能找到一个共同的出发点，并快速计算评估出当年葡萄酒的合理价格。譬如，某酒庄一直按三级酒庄在卖酒，如果三级酒庄的价格公认为每瓶100法郎，这个价钱就会被买卖双方所接受，并以此为基础讨价还价。

MOUTON

Bon DE ROTHSCHILD, Propriétair

1858

Galos

Gérant

BORDEAUX

根据当时的习惯（这个习惯延续至今），有些酒庄故意推迟其当年新酒的上市，以观察市场对当年新酒价格的反应，因为抢先发布酒价没有益处。

1855年，世界博览会在巴黎举行。来自法国各省和世界各地的名优产品云集一堂。波尔多商会选取了一些葡萄酒送展。展会组织者遇到了一个尴尬的问题：每个酒庄只能有6瓶酒送选，这个数量仅够展台陈列和评委会品酒用。世博会成千上万的参观者们无法亲口品尝多姿多彩的波尔多葡萄酒，他们只能看到陈列在橱窗里的葡萄酒，并得到一张波尔多葡萄酒的详细酒单。这个酒单旨在介绍波尔多葡萄酒的丰富性和出色表现，以吸引世人注意。这个酒单还会附上一张由波尔多商会责成葡萄酒经纪人公会制定的波尔多名酒分级表。

当时，制定分级表的任务摊派给了波尔多的经纪人们，因为在葡萄酒贸易的三方（生产者、酒商、经纪人）中，只有经纪人才具备全面的眼光。酒庄生产者最了解他们的酒，但对他们的酒离开酒庄后的命运却不甚了解；酒商非常了解市场，但对葡萄酒的生产条件却不甚了了。只有葡萄酒经纪人才能集两方认识于一身，他们常年出入酒庄，对葡萄园有直接的认知，与市场的联系又使他们对葡萄酒的贸易有着具体认识。

1855年4月5日，波尔多商会致函葡萄酒经纪人公会，要求他们提供“一份本省红葡萄酒全部列级酒庄的名单，尽可能详细和全面，要明确每个酒庄在五个级别中的归属及其地理位置”。由于世博会在当月就要开幕，时间非常紧迫。幸运的是，经纪人公会早已拥有了一切必要信息，所以他们才能在如此短的时间内提供了最好酒庄的名单。4月18日，名单出炉，称为“1855年分级体制”，在150年后的今天，该分级仍被世界葡萄酒界所尊崇。

这个分级表不局限于波尔多商会运往巴黎参展的那些酒，事实上，大多数列级酒庄都没有参展：查阅当年的原始文件，我们发现，所有未参展的酒庄，其名字后面都标上了“缺席”的字样。

同样，这个分级表也不局限于在1854年表现优异的葡萄酒，分级是基于每款葡萄酒多年来的表现，只有那些质量长期稳定的葡萄酒才能入围。总而言之，一家酒庄之所以能入围1855年分级体系，唯一的理由便是：其固有的表现表明，它能够长期稳定地酿制出优质葡萄酒。

随着时间的推移，葡萄酒经纪人所制定的1855年版分级表逐渐树立起了权威，达到了此前的任何一版所无法企及的高度。在整个19世纪下半叶，它是波尔多最优质葡萄酒的代表。当然，对葡萄酒爱好者来说，这个分级表仅供参考，它并不妨碍市场根据酒的质量变化来重估其价格。一些酒庄的经验表明，1855年分级体系的高明之处在于，它并不禁止市场给予优质葡萄酒一个更合理的商业价值。在此后的150年间，原分级表只有过两次变化：1973年6月木桐酒庄（Mouton Rothschild）晋升一级酒庄，1855年9月16日坎特美乐酒庄（Cantemerle）补选五级酒庄。实际上，葡萄酒的售价总是根据其质量优劣而变动，根据年份不同，列级酒庄的酒价总会围绕其在1855分级中的“正式”排位而上下波动。

时至今日，葡萄酒经纪人在1855年做出的这一评比结果，不仅能很好地反映波尔多葡萄酒的现状，而且卓有成效，不仅对列级酒庄，而且对整个波尔多产区的葡萄酒都起着巨大的推广作

P21：上图为塔列朗（M. de Talleyrand，法国18－19世纪政治家外交家－译者注），他拥有奥比昂酒庄时，该酒庄尚未脱颖而出。1855年分级体系诞生时，正值巴黎世博会，法国皇帝拿破仑三世接见了到访的英国维多利亚女王，上图丝毯表现此画面，现为木桐酒庄收藏。

P22：无论是美国总统杰弗逊（左上图），还是波尔多葡萄酒经纪人洛顿（右上图），他们都等不及1855年分级体系表（见右图）的建立，就按照自己的意愿把他们心目中的波尔多好酒进行了分级，早于法定的正式分级表。

用。世界上没有任何葡萄酒产区能像波尔多一样有如此权威的分级体系。这张分级表无与伦比，对选购葡萄酒的新手来说，它起着指南的作用，是可靠性与品质的保证。“1855年列级酒庄（Grand Cru Classé en 1855）”的酒标是一个传奇的质量保证，人们总是很自豪地用它来招待贵宾。

现在，这张古老的分级表已经成为整个波尔多葡萄酒的助推器。在许多新兴市场，如20世纪中叶的北美市场和几十年后的亚洲市场，人们都陆续认识到了波尔多葡萄酒的高品质，一饮为快。

值此1855年分级制度诞生150周年之际，世界葡萄酒界更加深刻地认识到，作为波尔多葡萄酒卓越品质的见证，这张分级表存在着巨大价值。分级表及其入围酒庄，给我们的精神和肉体带来了双重的感动：它代表着一种神秘状态，揭示出在不完美的现实世界里追求完美的可能性；这种追求体现在葡萄酒中，给全世界葡萄酒爱好者带来了如此美妙的享受。

Chat: de Beychevelle	St Julien	L. & Guestier J.
Le Prieuré	Cantenac	Ve Pagès
Marquis de Therme	Margaux	Oscar Sollberg

Cinquièmes Crûs

Canet	Pauillac	de Pontet
Batailley	〃	B. F. Guestier J.
Grand Puy	〃	Fre: Lacoste ainé
Artigues Arnaud	〃	Duroy
Lynch	〃	Jurine
Lynch Moussas	〃	Vasquez
Dauzac	Labarde	Wiebrock
Darmailhac	Pauillac	
Le Tertre	Arsac	Henry
Haut Bages	Pauillac	Liberal
Pedesclaux	〃	Pedesclaux
Coutenceau	St Laurent	Bruno Derez
Camensac	〃	Popp
Cos L...	St Estèphe	Martyns

独特的“风土”

葛纳利·冯·洛文（Cornelis Van Leeuwen）

1855年列级酒庄之所以享有今天的尊贵殊荣，除了当地人的辛勤劳作外，应首先归功于这里独特的“风土”。从辞源学角度看，法文“风土（Terroir）”一词的词根是“土地（Terre）”。但是，“风土”之于葡萄园，并不仅指葡萄种植的土壤，而是一个由土壤、气候、葡萄树所共同构成的生态系统。风土更像是一种纽带，连接着葡萄生长的土地及其产成品—葡萄酒。

古罗马人早就发现，某些葡萄酒的优异品质与其产地之间存在着联系。在波尔多，从中世纪起，人们就发现了这种联系。当时，葡萄酒都以其出产村镇的名号进行买卖。某些村镇的酒卖得比其他的贵，因为后者质量不好、没有名气。从那时起，人们对葡萄酒的血统就有尊卑之分。但是，当时的这种尊卑等级还很模糊，同一村镇出产的酒通常售价接近。直到17世纪，才有了“地主”葡萄酒的概念。从编年史角度看，奥比昂（Haut-Brion）葡萄酒是第一个以酒庄名义销售的葡萄酒。葡萄酒的产地和“风土”划分得更细了，被限定在农户所属的几十公顷的范围内，而不再是村镇辖下的几千公顷范围。在这一细分过程中，英国市场起了重要作用，因为英国人喜欢高品质的个性葡萄酒并愿意为此付高价。

英国著名哲学家洛克（John Locke，三权分立学说创始人。-译者注）曾于1677年访问波尔多，多亏了他对那次旅行的记述，我们今天才得以知道，人们当时对风土与酒质间的关系已有了深刻认知。对洛克来说，这近乎于一次朝圣之旅，因为他曾在伦敦喝到了奥比昂酒，他惊讶于该酒的完美品质，以至于他决定要亲赴酒庄产地去拜访。在他到访时，酒庄主人向他介绍了奥比昂酒的优异品质归功于下列原因：土地贫瘠、位于斜坡上、很少施肥和葡萄树龄长。总之，我们今天知道的影响葡萄酒品质的主要因素，前人在300年前就已经认识到了。

P25：大卫和米拉德研制的“波尔多液（一种硫酸铜液，喷洒在葡萄上防治霜霉病。-译者注）”，喷洒在葡萄叶上，作入冬前的准备。

洛克在其游记中还描述了当地一些名酒的“风土”特质，其中很多后来成为1855年列级酒庄。酒商通常用不同产地的酒调配成自己的商标酒，但“风土”葡萄酒却截然不同，它只产自于自己的土地上。这种产地限定不仅保证了葡萄酒的质量和个性，而且会使其消费者特别希望去实地参观酒的土地和葡萄园，并拜访酿酒的人。酒的“风土”特质成为农业食品的一种追求；事实上，1855年列级酒庄几百年来一直如此。

葡萄园的生长及葡萄的成熟都取决于气候条件，诸如气温、降雨量、日照、湿度和风力。葡萄园最怕类似冰雹或春季霜冻这样的异常气候，因为它们会使一年的收成在几个小时内化为泡影。在一块土地上出产的葡萄酒，其质量和个性在很大程度上是气候条件作用的结果。因此，“风土”的概念必然涵盖了气候。

要使葡萄在良好的气候条件下成熟，需要阳光和热量。但过高的气温并不好，它虽然有利于葡萄内的糖分积累，提高了酒精度，但它不利于葡萄内的香气合成。根据里贝罗－卡庸（Ribéreau-Gayon）和佩诺（Peynaud）这两位酿酒大师的观点，“葡萄成熟过快（由于气温过高造成的），会挥发掉很多保证名酒细腻性的物质”。换言之，最好的酒都是产自气候温和的地区，当然其温度要足以保证葡萄的正常成熟。在梅多克，年平均温度13度，七八月份的平均温度是20度，其气候条件非常符合葡萄生长的温度要求。

葡萄生长能适应不同的降雨量。它可以抵御极度的干旱，在年降雨量只有400毫米的地区也无须浇灌（当然，其土壤的吸水性要好）。它也可以适应多雨的气候，年降雨量甚至可大于1000毫米；但多雨会使葡萄浓度下降，难以控制真菌病的发生。在梅多克地区，年平均降雨量通常为850毫米，这略高于葡萄最佳浓度所要求的理想降雨量。但我们在下文中会看到，梅多克地区的土壤渗透性好，会吸收掉略微多余的雨水。

梅多克地区很少发生雹雨天气，这或许归因于其地形起伏和缓。大西洋的海水和吉伦特河的河水减少了温差，起到了调节器的作用，也减少了春季霜冻的不良影响。在灾情严重的1991年（这年的4月20至21日夜间，波尔多发生了可怕的霜冻），位于吉伦特河沿岸的众多列级酒庄，如拉图酒庄，都几乎毫发未伤，它们的1991年份酒均表现出色。

在波尔多地区，年与年之间的气候差异很大。因此，根据葡萄收获年份的不同，酒的质量和特点也千差万别，我们称之为“年份效应”。葡萄酒是当年气候特征的最好记忆。透过它，我们可以回忆起1945和1947这两个大年天气晴朗而炎热，回想起1963和1965这两年阴雨连绵：当年的酒淡而平庸，很多酒庄卖酒时都不屑于用自己酒庄的名号。年份效应不仅影响整个产区的葡萄酒质量，对单一酒庄而言，也使其每年出产的酒有所差异，即使这些酒还保留着该酒庄的一贯风格。年份酒在某种程度上揭示了一个酒庄每年收成的不同特点。1978和1988两个年份，气候凉爽，葡萄成熟缓慢，采收期延后，当年的酒因此香气细腻。在1982、1989、1990和1995这些年份中，气候炎热，当年的酒因此力道十足。由于波尔多的平均降水量略高于最佳状态，我们可以得出结论：葡萄大年的共同特征是，6至9月的降水量低于正常值。

P26：狭长的沙地延伸到吉伦特河中，处于绿岛和新岛之间。

全世界有几千个葡萄品种。这些葡萄品种是几百年来葡萄种植者们世世代代栽种选择的结果。每个葡萄品种都有其独特的形态，便于识别，其果实成熟的时间和形态也千差万别。但是，只有区区几十个葡萄品种才具备高贵血统，能酿出上好葡萄酒。而且，某一葡萄品种在某一特定地域取得成功，还取决于其成熟能力能否适应当地的气候。在炎热地区，早熟的葡萄品种会令其果实快速成熟：在8月（或南半球的2月）采收的葡萄通常富含糖分，但欠缺酿造精致葡萄酒所需的果香和清新。在北方地区，晚熟的葡萄品种，果实成熟困难，酿出的酒偏酸，有青草味道，酒色欠缺。1855年列级酒庄的成功，在很大程度上归因于其葡萄成熟过程与当地气候条件的完美结合。这种完美结合保证了葡萄果实不仅成熟度高（特别冷的年份除外，如1972年），而且成熟期长，使酿出的葡萄酒更加细腻。这种完美结合在其他地方难以复制，即使栽种同样的葡萄品种，也酿不出同样优质的葡萄酒。1855年列级酒庄的葡萄酒（与波尔多其他产地的酒一样）是混合多个葡萄品种的调配酒。这种调配增加了葡萄酒的复杂性，而且，我们还可以通过增减酒中各葡萄品种的比例，来修补某些年份的不足。

赤霞珠（cabernet sauvignon）是一种很高贵的葡萄品种，它是1855年列级酒庄葡萄酒最基础的葡萄品种。在玛歌、拉图、拉斐和木桐等一级酒庄中，赤霞珠占种植面积的70%，在其他列级酒庄也大致如此。这是一种相对晚熟的葡萄品种，它要种在最能促使其成熟的土壤上，才能充分展现其潜质。其产量少且有规律，其果粒和葡萄串都很小。它不能积聚很多的糖分，但其成熟果实色彩艳丽、富含单宁。其酿出的酒，香气浓郁，在浅龄期有黑色浆果（黑加仑）气息；陈酿后，会具备无可比拟的复杂性，有可可和薄荷的香味。

在调配葡萄酒时，梅洛葡萄（merlot）几乎是赤霞珠不可缺少的必要补充。在波尔多，其种植面积有时占酒庄三分之一，如奥比昂酒庄和拉朗德伯爵夫人酒庄（Pichon-Longueville Comtesse de Lalande），在个别情况下，其种植面积甚至与赤霞珠等量齐观，如在帕梅尔酒庄（Palmer）。其早熟的特点（两周左右），使其果实几乎每年都能达到非常好的成熟度，即使相对寒冷的年份也不例外，而赤霞珠在寒冷年份则难以成熟。梅洛葡萄在潮湿的土地上也表现很好。为了使其表现出色，我们通常要对其产量加以控制。梅洛葡萄的果实糖分高、色彩鲜艳、单宁丰厚。其酿出的葡萄酒，在浅龄时，以红色和黑色浆果气息为主，陈酿后则表现出蜜饯和皮革的味道。与赤霞珠相比，梅洛品种葡萄酒发展得更快。

对波尔多红酒而言，种植面积排在第三位的葡萄品种是品丽珠（cabernet franc）。相对梅多克来说，品丽珠似乎更喜欢里布纳地区（Libournais）的土壤，原因不详。其成熟期介于梅洛和赤霞珠之间。其酿出的酒具有细腻的潜质，但有时却因此被指“酒体过轻”。我们只有在某些列级酒庄才能得到出色的品丽珠葡萄，它要求老树配好土。

虽然种植面积很小，但在某些年份，小维多（petit verdot）这一葡萄品种还是很重要的。其晚熟的特点，使其葡萄酒难以年年成功。在如今全球气候变暖的背景下，相信小维多的种植面积在未来几年会有所扩大。这是一种挑剔的、难以种植的葡萄品种，需要降雨量适中，不能多。遇到其成功的好年份，它凭一己之力几乎就可以酿出完美全面的葡萄酒了。

P28-29：圣于连产区和波雅克产区的葡萄田，风景如画。

P31：圣于连产区和波雅克产区，像其他梅多克产区一样，主要种植四种葡萄，赤霞珠为主（见左图）、还有梅洛、小维多和品丽珠（图片自上而下）。

ALIZ MOTTE
ALIZ
MOTTE

与气候条件、葡萄品种一样，土壤也是组成“风土”的三要素之一。葡萄树从土壤里汲取水分和需要的营养成分。土壤的种类多种多样，其结构不同，砂砾含量不同，矿物质含量不同，水分含量不同，土层深度也有差异。波尔多葡萄酒学院的塞古安教授是最早进行葡萄“风土”研究的学者，他曾写道：没有哪种土壤能肯定保证葡萄酒的高品质。事实上，名酒都不产自某种单一类型的土壤。当然，土壤的某些特点对获得高质量的葡萄又是必不可少的。

不同土壤之间，矿物质含量的差异非常大，而且，葡萄种植者的限肥措施对它也有所影响。通常，葡萄种植的最佳土壤都不太肥沃。在梅多克的葡萄地里，土壤里含有大量的砂砾和硅质鹅卵石（在波尔多，称之为“砾石”土质），这限制了土壤的肥沃性。迄今，没有任何研究表明，土壤里的某一种化学成分能对葡萄酒的质量产生直接影响。

除了多雨季节之外，葡萄树吸取水分主要依靠其土壤的蓄水能力，这是决定葡萄酒质量的关键因素。如果葡萄树在夏季的水分吸取受到限制，当年收成就会好。因为，限制水分会使葡萄树减少枝杈生长，控制葡萄果粒的大小。要收获浓度高的葡萄，这是必不可少的。当然，过于缺水对葡萄质量也不利，因为它会妨碍葡萄的生长成熟。这种情况在波尔多很少发生，如果发生，也主要是对年轻葡萄树有影响，因为它们的根茎还没有深入地下，尤其是在干旱的夏季。

由于波尔多气候相对多雨，必然要求土壤的蓄水能力弱，从而达到适度限制水分、提高葡萄质量的效果。梅多克的土壤就非常符合这一条件，因为其土壤的砂砾含量高。土壤水分含量低，使葡萄田在春天升温快，有利于葡萄成熟。这对像赤霞珠这样的晚熟品种尤其重要，可以保证其正常成熟。

在波尔多，所有的列级酒庄都是砂质土壤。这种土壤的温度高，能加速葡萄成熟。其蓄水能力弱，因而可以适度控制水分，有利于葡萄质量。在这种土壤上出产的葡萄酒，单宁丰富，耐久藏，其口感也非常细腻，特别是以赤霞珠为基础葡萄品种时。在1855年列级酒庄中，有几家酒庄拥有一些特殊地块，其表层土壤下面是黏土层，如拉图酒庄。酒庄最好的葡萄酒通常都产自这些地块。遗憾的是，对这些特殊地块在梅多克地区的分布情况，我们还不甚了解。在这些地块，葡萄树的水分可以得到自动调节。在这些土壤上，可以产出单宁丰富、力道十足的葡萄酒，并且适宜栽种上文所提到的四个葡萄品种。

黏土－石灰岩质土壤主要分布于玛歌产区、圣爱斯泰夫产区和奥比昂酒庄。对葡萄种植来说，这也是一种非常出色的土壤，但它的蓄水性略强于砂砾质土壤，其促使葡萄成熟的能力略差。因此这种土壤适宜栽种梅洛葡萄。用梅洛葡萄，人们同样可以酿出酒精度高、有力量的葡萄酒。这种酒，在与产自砂砾质土壤的葡萄酒调配时，表现出色，成为其必要的补充。

在1855年列级酒庄中，还有一些地块是沙土或砾石沙质土壤。这些地块通常位于砂砾圆丘的下面或波尔多葡萄种植区域的西部边缘，土壤里面含有大量腐殖土成分。在这些地块，葡萄树通常有高产的倾向，为了控制其产量，就要采取限肥措施，或在田间种草与葡萄争肥。在这种土壤

P32：波尔多酒的全部神奇和魔力，都浓缩或升华于波雅克镇小河港的奇光幻影之间。

P34：两行葡萄树间的嫩枝与碎石（上图）；清晨附着在葡萄架上的露珠（右图）。这是葡萄田里常见的两幅场景。

上，也可以产出很好的葡萄酒，特别是梅洛葡萄。这些葡萄酒在浅龄时果香浓郁。由于其出产的葡萄酒发展较快，所以适宜用于副牌酒调配。

梅多克的每一种土壤都有其特征。对1855年列级酒庄而言，每个酒庄的地域内通常包含多种土壤。在收获季节，每个地块的葡萄被分置于不同的酒槽内酿造，出来的葡萄汁也个性不一。在进行葡萄酒调配时，调酒师要充分发掘不同批次葡萄汁之间的互补性，以酿出最好的葡萄酒。这种葡萄酒的复杂性要远胜于各批次单一的特征。余下的汁通常用于酿造副牌酒，它使葡萄酒爱好者能用较低价格领略列级酒庄正牌酒的神韵。名酒的调配比例每年各不相同，因为每年的气候条件不同，各地块的葡萄表现也不同。总之，土壤的多样性和酒庄的规模构成了1855年列级酒庄的主要优势。

葡萄“风土”由土壤、气候和葡萄品种共同组成；人们的辛勤劳作给它赋予了价值。虽然，在世界其他地方也可以找到与波尔多气候相似的地方，也可以找到具有相同特征的土壤，成名于1855年列级酒庄的赤霞珠葡萄在世界各地也有种植，但1855年列级酒庄的唯一性在于土壤、葡萄品种与气候条件这三者的完美结合：土壤升温加速了葡萄成熟，使赤霞珠的成熟期适应波尔多的气候；土壤的蓄水性差使葡萄避免多雨的不利影响，同时又使水分能到适量控制，有利于提高葡萄的浓度和质量。即便如此，如果没有“人”充当乐队指挥的角色，再好的“风土”也没有任何意义。这片土地，原本看上去并没有受到大自然的垂青，没人想到它会命中注定成为葡萄种植的福地，正是多亏了这片土地上的“人”，它才声名远扬，为世人所景仰。

酒庄肖像

弗兰克·费兰（Franck Ferrand）

没有高尚的道德情操，就不会有波尔多葡萄酒，也不会成其风格。
道德情操，是一种超越时空对纯粹完美的追求。
雅克·夏朵（Jacques Chardonne）

梅多克，对由此登陆前往波尔多的少数人来说，就像是菲尼斯泰尔省（位于英国对面，法国布列塔尼地区的省份。－译者注）。它形如半岛，从其尖端处的小港湾遥望内陆，如当地人所言，“正好看见法国”。这里，吉伦特河带来的雾气在四处弥漫，两岸架着点点渔网，河里游弋着幼鳗，应季美食斑尾鸽在林间鸣叫，起伏不大的地形、让人略感阴沉的景色、看似普通的葡萄田，所有这些景致会让一些充满期待的到访者略感失望……幸好，这里还有无与伦比的城堡酒庄。

奇幻的城堡，看上去，似乎是为庄主们的幸福生活而建，但实际上，这些像被巨人之手放置在葡萄田中的城堡，初衷只是为了吸引酒商的兴趣。有些酒庄城堡由有人居住的老旧城堡改造而成，另一些则是完全新建的销售窗口，就像酒庄标签一样。在城堡背后或旁边，通常都建有联通一起的房舍，我们通常将其泛称为“酒窖”。

这些酒窖，以功能为先。和城堡一样，多数酒窖的设计首先以展示为目的。酒窖内的陈设，以玛歌酒庄为例，被布置得如同葡萄酒的大剧院，配有恰如其分的布景和灯光。有些酒窖试图让来访者刚进门就有震撼之感，门厅采用拱形穹顶，如碧尚－龙维酒庄（Château Pichon-Longueville）；有些则是半圆形，如拉·拉贡酒庄（Château La Lagune）。透过这些古老的酒窖，我们能感受到其设计者们的创意。鲍菲尔（Ricardo Boffil）设计的拉斐庄酒窖至今闻名于世，还有大宝酒庄（Château Talbot）的“橡木桶海洋”设计、拉图·嘉内酒庄（Château La Tour Carnet）的“层叠木桶”设计等等。

今天，这些真正的文化遗产，给波尔多葡萄酒带来了巨大荣光。我们必须承认：这里缺乏景色优美的村落，河岸上没有受人瞩目的宏伟宫殿，对梅多克来说，酒庄城堡就是其简单的装饰。这些酒庄传奇般的鼎鼎大名成为了当地文化的象征：一种生活艺术的象征！这些酒庄常常出现在旅游手册上，其橡木桶和箭头标志引领着游客，很是实用。面对来自挑剔的消费者和寡信的投机商两方面的冲击，这些酒庄引领大众在潜移默化中接受葡萄酒，功在未来。正如塞夫勒瓷器（Sèvres法国名瓷，创始于18世纪。－译者注）一样，既要保持其当下的工艺水准，又要考虑

P37：拉斯贡酒庄（Château Lascombes）窗外一景，正好反映出本地大部分酒庄所共有的惬意舒适的情绪。

到，其无与伦比的质量将来会被鉴赏家们评头论足。

令人愉快和惊讶的是，打理这些酒庄的人们似乎天生就知道要宣传自己。近现代涌现出了许多活生生的传奇人物，例如亚里希斯·李奇（Alexis Lichine，1913年～1989年，法国葡萄酒专家，曾打理多家列级酒庄。－译者注）及罗斯柴尔德男爵（Baron Philippe de Rothschild）。其他人仍继承着两位前辈的宣传大业，把这里的葡萄园发扬光大，说起他们，我们马上会想到卡兹先生（Jean-Michel Cazes，1935年生，打理林奇－巴日等列级酒庄。－译者注）和德·兰克松夫人（May-Elaine de Lencquesaing，二级庄拉朗德伯爵夫人酒庄的主人。－译者注）……这些旗手都乐于被后辈所超越：酒庄经理人、酿酒师、酒窖主管等，他们是古老艺术的传承人，历经有年，从优秀员工变为老板或经理，逐渐被这个“做酒人”的小圈子所接纳。梅多克的小世界日渐强大起来，在这里，古老家族的继承者与学业初就的经理人、经验丰富的老酒农与殷实富足的年轻人、神秘的风土与酿酒大师都风云际会，齐聚一堂。

他们之中，多数人至少懂两门外语，他们见证了这里从最初的开发到今天的声名远播。当然，列级酒庄的主要客户基础还是在法国国内；喜好列级酒的其他国家，四分之三都在欧洲，但这些都无法阻挡，梅多克酒庄几百年来逐渐形成的世界性影响，比右岸（梅多克位于吉伦特河左岸，右岸主要是圣爱美浓产区。－译者注）更加知名。今天，我们经常能在这里的葡萄田间看到升起的各国国旗，例如麒旺酒庄（Château Kirwan）上空飘扬的丹麦国旗和芭塔叶酒庄（Château Batailley）大门前的奥地利国旗。

P38：下图为科·埃斯图耐尔酒庄（Château Cos d'Estournel）充满异国风情的塔尖，右图为杜·黛特酒庄（Château Tertre）客厅一角，反映出酒庄与众不同的精致。

然而，无论是酒庄主人们的个人魅力，还是他们面向世界的开放胸襟，都不足以解释这几十家酒庄的成功。我们斗胆直言：正是1855年分级体系赋予了这些列级酒庄以灵魂。诚然，在这一个半世纪的历史中，既有辉煌年景，也有黑暗时期，直到20世纪80年代初，我们才又等来了这些酒庄的再次辉煌，这要归功于酒评家们建设性的批评及酒庄后人们的出色才华，正是他们，才使得这60家酒庄陆续地东山再起，用最佳状态带给世人以舒适、品质和荣誉……这是一个高贵的群体，相互扶持着更上层楼。

葡萄酒在其千年发展过程中，始终存在着两种倾向：注重先天，还是注重后天。从根本上说，先天的风土价值与后天的酿造工艺、先天的葡萄种植与后天的陈酿窖藏，是一对矛盾。与时代精神一致，当代的发展趋势更注重先天。如今，所有的酿酒大师都回归于“风土”，给予风土以最大限度的呵护——酒庄四分之三的人工都用于此。我们今天终于明白，列级酒的唯一性首先归功于其独特的土壤，正是这一优势使得列级酒庄在竞争中立于不败之地。

因此，除了充分汲取这方土地的精华，葡萄酒的生产者们还能做什么呢？受困于这方土地下面的神秘特质在葡萄酒中得到了释放，得到了最大限度的自由表达，就像对原料精挑细选而又不事张扬的厨艺大师一样，随心表达而不逾矩。而且，对于过往不同年份的偶然性、不确定性和气候差异，人们还试图保留其痕迹。

与其他好葡萄酒不同的是，这里的葡萄酒，其差异性主要体现在年份上，而非葡萄品种上。在某个年份，下了多少场大雨？刮了多少次大风？烈日下的炎热持续多久？这些都浓缩在了葡萄酒瓶中。葡萄酒专家雅克·佩兰曾用优美的文字写道："当我们品尝一瓶成熟期的葡萄酒时，它除了满足我们的口福外，还像一部奇妙的时光追溯器，让我们穿越时光隧道再见往昔。"酒谚曾有云："伦敦八月天气晴，波尔多十二月酒才好。"但上述情形，如今并非如此简单。今天的酿制技术，可以在某种程度上，掩盖大自然带来的缺陷；但是，我们不应该过于依赖技术。

观察这些醉心酒业的人们，看着他们精心呵护着其土地上出产的娇嫩果实，我常常为之感动。在整个采摘过程中，没有任何粗暴、强迫、限制和人为之举。他们双手呵护着葡萄果粒，小心翼翼；梅多克人就像助产师一样，尽力减少葡萄在采摘时的创伤，避免其在进入发酵罐或发酵木桶时受到丝毫撞击……这样的工作，需要历史传承和谦卑之心，特别是历史传承。这个葡萄产区的悠久历史和古老传统，实实在在地体现在其传统酿造技术上。当然，这个伟大传统也是历经不断的点滴改良而成，有一个漫长的消化和吸收过程。

我们看到，在20世纪中叶，葡萄耕作采用了机械化方式，拖拉机取代了耕马；随后，橡木发酵桶被不锈钢罐所替代（1961年奥比昂酒庄率先采用）；除了对表层土壤及深层土质的研究外，人们还开始对葡萄品种的基因谱系进行研究，例如帕梅尔酒庄（Château Palmer）和杜夫－维旺酒庄（Château Durfort-Vivens）；最新的改良之一，是对葡萄酚成熟度加以控制。

这些酒庄的历史，是一部史诗，一段传奇！曾有一部文笔优美的历史小说叫《自由之酒》，它描述了科·埃斯图耐尔酒庄（Château Cos d'Estournel）从法国大革命至20世纪初的历史命运。书中描绘了人们行为举止和风俗习惯的变迁，而我们从中看到的，那其实是一种由"这片土地上的人"与"土地出产的酒"所共同维系的根本关系，正是这种关系使二者超越时空。

"做酒"似乎只是为了满足口腹之欲，但实际上，这是一项充满人文精神的事业。我遇到过的大多数酒农都说，他们干这行首先是为了友谊和快乐：打开瓶塞，分享美酒……我的一位客人曾对我说，"葡萄酒比艺术还好，它是一种分享……是生活中最美好的事物。"

经过一番长篇大论，我忽然发现，我此行的终点竟是一片哲学乐土、精神的彼岸！对于这些酿造伟大葡萄酒的人们来说，"度"的把握和控制更像是一种智慧的考验。确实如此。例如，酿造过程，像其他学科一样，需要严谨的定量控制和把握：在恰当的时机，采取精准的行动；甚至，行动决策本身，都至关重要。决定何时采摘？决定何时停止发酵？一直到最终决定如何调配？每个决定都事关重大，需要对环境和自我有着深刻认知。

我现在更加理解，在梅多克地区，为什么追求卓越和争夺酒庄人才，并没有引发哄抬酒价，反而是引导大家追求完美的酒质。归根到底，大家的目标不是金字塔的顶端，而是金字塔的中心。波尔多伟大葡萄酒的辉煌，不在于其某种意义上的神乎其神，而在于其整体平衡，一种审慎的平衡、经典的平衡。有鉴于此，大家所努力追求的，其实是一种完美的平衡，而非显赫的名头；其成果，最终升华为一种理想：追求一种超越时空的完美饮品。

拉斐酒庄 Château Lafite-Rothschild

拉图酒庄 Château Latour

玛歌酒庄 Château Margaux

木桐酒庄 Château Mouton-Rothschild

奥比昂酒庄 Château Haut-Brion

拉斐酒庄

CHÂTEAU LAFITE-ROTHSCHILD

波雅克 Pauillac

伏尔泰曾充满智慧地写道："在第一等级黯然失色者，会在第二等级闪闪发光。"言外之意，作为第一，如果想保有这个位置，就要具备独特的禀赋。对冒险觊觎者来说，第一的位置则更多意味着陷阱和圈套。英国幽默作家萨基曾以略带嘲讽的口吻对此概括说："最大的狮子总是遇到走在最前面的基督徒。"在梅多克的天空下，狮子们都披着超级文明的外衣，他们是各式各样的葡萄酒批评家、专家和葡萄酒工艺学家；做第一，最好别得意忘形。

从那个神圣的排行榜公布以来，拉斐酒庄就一直占据着第一的位置，这是一个充满变数的位置，困难重重。拉斐，一个让五大洲的人们充满幻想的名字，一个在各门语言里都容易发音的名字；拉斐，一个梦幻酒庄的神奇名字，一个令人不敢奢望的酒庄……它占有了波雅克最好的坡地。让我们想象一下，深层细砾石土质、凹凸起伏的地形……从这片天神眷顾的土地上出产的伟大葡萄酒，在全世界酒迷心目中，绝对具有下列高贵品质：酒香典雅、酒色亮丽、酒体丰满，但又不掩其巴旦杏和堇菜花的余味……

在过去的三个伟大世纪中，拉斐酒庄只真正属于过两个家族：西古家族（Ségur）及罗斯柴尔德家族（Rothschild），两个家族之间的那段时期，情形有些混乱，但在两家间存在着一个联系纽带，这就是举世无双的酒庄经理人家族"顾达尔家族（Goudal）"。由此可见，这个1855年列级庄排行榜的头名酒庄实际历经了三个王朝。

这里，每个人物都大名鼎鼎：在西古家族时期，最著名的人物无疑是尼古拉－亚历山大（Nicolas-Alexandre），他确立了拉斐酒庄的标准，为这款神奇饮品的巨大声望奠定了基础。但历史的偶然性也

P43：拉斐酒庄的精致，一直以其客厅为代表。

在此时起到了作用。拉斐酒庄的恩公是一位波尔多医生，1755年，这位波尔多医生把拉斐酒当作诊疗处方开给了吉耶纳公国（Guyenne，位于法国西南部。－译者注）新到任的统治者，法国元帅黎世留公爵（1696年～1788年，法国红衣主教黎世留的侄孙。－译者注）。当这位法王第一宠臣后来回到巴黎凡尔赛宫时，法国国王路易十五对他说："阁下，我觉得，你看上去要比当初赴任时年轻25岁"。宠臣答道："陛下，您不知道吗？我在那里找到了能返老还童的泉水。这是一种能活血化淤的补药，美味可口，堪比奥林匹斯山上众神的美食"。伟大的拉斐酒就此被隆重推出，经历了其历史上的第一个黄金时代，频频出现在法国王室或其他国家王室的餐桌上。从此，作为拉斐酒庄主人的"葡萄王子"（指西古侯爵尼古拉－亚历山大。－译者注）可以自豪地说，我们酿制的酒是专供国王的"御酒"。

拉斐酒庄归属于罗斯柴尔德家族，是许多年以后的事了，即1868年夏，分级体系确立之后。由于詹姆斯·罗斯柴尔德男爵的突然过世，从当年秋天开始，酒庄产业被其子嗣三兄弟共同继承：阿尔丰斯、古斯塔夫和爱德蒙。酒庄就此进入了第二个黄金时代：一系列葡萄酒大年，酒价屡创新高。这个高贵家族善于利用好年景，酿造高品质的葡萄酒；而年景不好时，特别是在19世纪末葡萄霜霉病和根瘤蚜虫害肆虐的危机时期，他们又会采取措施减少酒的缺陷。如果说，第一次世界大战使这家高度依赖人力劳作的酒庄蒙受了不少损失，那二战对它则是致命一击——被占领、被征用、被政府接管，到1945年被罗斯柴尔德家族收回时，酒庄已是千疮百孔，复苏的希望寄托在年轻的

P45：波斐尔设计，酒的神殿，圆形建筑周围，酒桶整齐摆放。

艾力男爵（Baron Elie）身上。这个充满活力的年轻人，梅多克美酒骑士团的创始人，重新整修了葡萄园和城堡，再次使酒的品质无与伦比，并通过其卓有成效的商业策略，在竞争中重夺市场。

1974年，艾力的侄子恩里克（Eric de Rothschild）接手酒庄，力图打破陈规。这位酒庄新主人尊重传统，他知道，这款伟大的葡萄酒具有某种罗斯柴尔德家族的风格：其发酵车间就像英国王室的马厩，其酒窖暗而深，充满魔力的回响就像出自古代地下墓穴，这些都是酒庄的古老遗产。与此同时，他又充分认识到，在葡萄田和酒窖中，可以大胆尝试那些能提升酒质的卓越技术，不该有任何禁忌。大家充满想象力的辛勤劳作，终于使酒庄迎来了它的第三个黄金时期，比前两次更加辉煌。

恩里克·德·罗斯柴尔德（Eric de Rothschild），“激情的酒农、负责任的银行家”。他是拉斐庄众多完美主义者之一，在他眼里，任何微小细节都需要认真对待，拉斐庄的葡萄田被精心打理，卓尔不群，正是他这种精神的写照。当然，男爵认为，这还不够，在公众心目中，拉斐酒庄的名号应该与当代艺术大师的名字联系在一起。为此，他聘请了本世纪最好的几位摄影大师来酒庄拍摄，例如拉迪格、贝南、多瓦斯诺和阿维冬等几位摄影大家。

1988年，酒庄诞生了一个伟大的想法——修建新的地下酒窖，它将给这个美丽酒庄增添一抹一直欠缺的精彩。恩里克男爵把设计任务委托给了西班牙建筑大师里卡多·波菲尔（Ricardo Bofill），当时的设想只是修个简单的楼梯平台。某天早上，设计好的图纸被送达酒庄，当卷在大圆筒内的图纸被揭开面纱时，几位到场宾客一时间都目瞪口呆。波菲尔展现的奇特设计可说是一个很“罗斯柴尔德”的想法，竟然是一个圆形空间：在穹顶下，橡木桶呈环形摆放。这是一个天才的设计、超越时空的设计，我们只有在完美的伟大作品中才能见到，既美观，又实用，有一种难以形容的魔力，也是最高雅的解决方案。

今天，拉斐庄的地下酒窖是波尔多最神秘的建筑之一，到此不游，绝对是个错误。其实，不仅仅建筑设计，拉斐庄的一切都致力于领先同辈，无论是酒庄排名还是公众舆论，不允许自己被别人须臾超越。要知道，它是神的美酒、返老还童的泉水，它自认为是一款伟大的葡萄酒，事实上，也的确如此。

P48：伟大酒庄的风格，不仅体现在精致的装饰里（见P47页图和上图），还体现在地窖的幽暗中（右图）。

拉图酒庄

CHÂTEAU LATOUR

波雅克 Pauillac

在木箱上、酒标上，在发货离庄时包裹酒瓶的丝质白纸上，拉图的标志都闪烁着雄伟的光芒：圆形齿状塔楼，上立一头带有纹章的雄狮，就像国际象棋的棋子一样，举世皆知，给人以永恒和领地的感觉。事实上，使这座最高贵的梅多克城堡得名的塔楼本身，早已不复存在。这座建于14世纪的笨重建筑，在英法百年战争期间曾被当作主要的驻防堡垒，当时叫圣－莫贝尔塔。可惜，现在已无任何遗迹可寻。今天我们所看到的，是那个在和平天空下小教堂似的建筑，它实际上是路易十三时期建的一个信鸽塔，而如今俨然成了原塔楼的象征。

上述内容，对内行来说，并非兴趣所在。拉图酒庄的唯一性不在于它的标志建筑，而在于其地理：临河而坐，与吉伦特河只有几百米之遥；两丘之间的低地，是利于葡萄种植的理想地形；土质绝佳，满是加伦河大块砾石——这些都是拉图庄得以出类拔萃的王牌所在。酒庄葡萄田总占地65公顷，其中47公顷树龄均匀，在围墙内形成著名的“围地（Enclos）”。凭借独特的小气候、无与伦比的地理位置、完善的排水系统和让人梦寐以求的土壤质地，这里得天独厚，怎能酿不出好酒？

有人曾以1991年大霜冻为例作过计算。对当地酒农来说，这场灭顶之灾，造成当年减产70%，但拉图庄只减产了30%。从这类奇迹中，我们能否推断，拉图庄或许能躲避一切灾害。有些人就是这么认为的。而且，1960年代发现的酒庄档案（有些记载可以上溯至1331年）也揭示了酒庄这几百年来的神奇命运，使人们对此更加深信不疑。

拉图庄历史上的伟大人物是西古侯爵（Marquis de Ségur）——葡萄园的魔法师，人们恭称他为“葡萄王子”。他在18世纪初率先发掘出了拉图酒无与伦比的

P51：拉图庄古老的信鸽塔，如中国皮影一般，夕阳西下，吉伦特河波光熠熠。这有点像酒庄的标志。

佳酿潜质，进而创立了无可争议的“拉图风格”。此后，正如无数账簿所显示的那样，拉图酒庄进入了经理人打理时期。这些酒庄经理人终其一生，严守拉图酒的既定风格，并小心翼翼地记账。可以说，从驰名英伦到远播新世界，拉图酒的声誉从未受损，一直到1855年分级体系开启其黄金时代。

我们现在看看酒庄最近的历史，它同样值得关注：近半个世纪以来，拉图庄与其他列级酒庄一样，经历了同样的跌宕起伏。1963年，英国佩尔松财团从西古侯爵疲惫不堪的后人手里买到了拉图酒庄。当时的酒庄，虽显疲态，但仍然酿出了几个绝佳的年份酒，例如令人敬佩的1961年份酒。英国人接手后，没过多久就开始着手酒庄现代化，这是一场名副其实的改革，英国的新老板们在这方面走得最远。

在祖传的园地西边，开始栽种一些新葡萄树，补充了人工排水系统以方便耕作；更有甚者，新庄主们竟然在田间采用机械化作业，放弃了古老的木质发酵桶，而代之以不锈钢发酵罐，这在当时绝对是异端。然而，酒的品质没有受到影响，相反，1966、1970、1975年份酒很出色，拉图酒重返卓越。

英国人一直对法国红酒喜爱有加。随着法国葡萄酒的大量出口，英国人因此开始热衷于购买和控制法国的产地酒庄。对英国人买下拉图酒庄一事，波尔多的业内观察家们没有感到丝毫惊讶。顺理成章，瓜熟蒂落，这个法国最著名的酒庄之一，在被外国投资者持有30年后，直到1993年才被来自法国布列塔尼的实业家弗朗索瓦·毕诺先生（François Pinault，控股奢侈品集团Gucci及佳士得拍卖公司等。－译者注）

P52：“围地”的中心地带（右图）。品酒厅的布置空旷、透明、光亮（见后页）。

GV 2007

重新买回，拉图酒庄的传奇历史就此揭开了新篇章。

“在某种程度上，我们十分在意过去的辉煌，并为此自豪，”拉图酒庄现任经理恩杰雷（Frédéric Engerer）说，“但同时，我们更愿意着眼未来，探索我们在未来之路会遇到什么。如果说，拉图酒庄有某个观念需要捍卫，这就是我们‘看重未来’的观念。”确实，梅多克人时刻都在为未来做着准备，如果不了解这一点，听到恩杰雷这番话，我们肯定会大为惊讶。

毕诺庄主对变革的喜好，特别是其对当代艺术的喜爱，与酒庄的取向非常一致。只需参观一下酒窖里成排的新设备，我们就会感受到拉图庄所固有的现代化气息和朴实无华的风格，或许有些“禅”意。整齐划一的黑灰色调，棱角分明的切口，混凝土、花岗岩和玻璃的完美结合，这些都赋予了拉图庄一种未来主义的风格，在梅多克地区显得很另类。

在其干净而朴实无华的办公室内，酒庄经理继续说道：“我们充分依靠我们年轻团队的活力和激情。大部分负责人都是30岁出头，对我们这支成立于1999年的管理团队来说，这是我们最大的王牌。”年轻虽不是万能的，但它能带来无限希望：年轻，意味着还能活很长时间，对自己决策的后果，能在很多年以后加以验证。能为未来的几代人工作，肯定是件很高贵的事情；当然，这样的激励还不够……

这只是硬币的一面，另一面也是如此。很多拉图庄的酒迷公开哀叹，自己在有生之年无法等到某些年份酒的成熟。“难道我就要离开这一切了！”病中的马萨林（Mazarin，17世纪的法国红衣主教和首相。–译者注）曾面对其收藏发出如此的感叹：“这些酒成熟时，我已不在了！”有些酒迷在绝望之余也会有如此同感……

耐心和对未来的信心，是拉图酒庄的两大精神遗产。应该说，与其他酒庄相比，拉图酒，更能挑战时间，是一款久藏后品质更佳的顶级酒；拉图酒不喜欢那些没有耐心、不守纪律的客户，时间可以使它的酒质更加完美，它建议酒迷们最好保存多年后再“开瓶释放”。

拉图酒庄是一个着眼未来的绝佳范例。在这里，酒农就如同银行家，他们知道，其美酒会在将来的某一时刻被消费，到那时，陈年的作用会把这款美酒变成长生不老的春药——由人类酿造，无比高贵，超越时空。

P56：雄狮立塔的图案随处可见，在温控器上（左上图），在发酵罐上（右上图），在地窖的玻璃门上（右图）。

玛歌酒庄

CHÂTEAU MARGAUX

玛歌 Margaux

玛歌酒庄是梅多克最著名的酒庄，也是最雄伟的酒庄之一。人们常说，距离产生威严，但玛歌之行却让人有不同的感觉；恰恰相反，越接近它，越会感到它的高贵和令人尊敬。阳光下，两行百年梧桐树间，我们走向这座酒的神殿、葡萄酒的大剧院，越往前行，我们就越能感受到它的魔力。有些英雄，尽管争议不断，但不掩其伟大，其仆从也随之扬名；有些传奇，稀有而著名，能经得起最挑剔的审视。

沿着这座宫殿的22级台阶拾级而上，迎面是爱奥尼亚式的廊柱和三角门楣，洁净而飘逸，使人对玛歌酒庄的响亮名头肃然起敬：玛歌庄是唯一与“原产地命名”（AOC，法国农产品质量控制体系。－译者注）同名的酒庄。走进宽敞而明亮的前厅，穿过一扇扇大门，客厅的家具陈设充满拿破仑帝国时期的风格，这里没有任何东西流于世俗。让·吉洛杜（法国当代作家及戏剧家。－译者注）曾写道“伟大人物的特权，就是在高台上俯视灾难的发生”。玛歌酒庄来宾的特权就是，从豪华宫殿的高窗俯瞰最著名的葡萄园。

酒庄的主人是一位尚显年轻的女士，她简朴而高贵，就如同她曾在此快乐成长的庄园一样。歌海娜·门采洛保罗斯（Corinne Mentzelopoulos），其伟大父亲名副其实的继承人。她父亲来自希腊的帕特拉斯，发家于零售业，突发奇想，决定购买这座国宝级酒庄。这笔交易发生在1977年；在当时，投资葡萄酒庄，即使像玛歌庄这样的著名酒庄，也会被看作是一个疯狂而大胆的举动。无论如何，这是一个高风险的赌注，安德烈·门采洛保罗斯老先生可谓是这一领域的先驱者。1977年后，仅仅三年多，刚入主酒庄的老先生就仙逝了，就在他接手后的第一个年份酒出窖前

P59：酒庄正面的高台阶和爱奥尼亚式廊柱，令人驻足。

CH-LAFITE
1034

1959

夜……“我父亲没能亲眼目睹他辛勤劳动的成果”，女儿充满遗憾地说，言语中略显激动，让人猜想出她献身这片土地的动力所在。

当年，入主酒庄后，门采洛保罗斯老先生赋予了玛歌庄新的精神。几年间，这种新精神蔓延扩展到梅多克葡萄园的每个角落。修整土地排水系统，从庄外聘请酿酒顾问，大比例使用新橡木桶，开挖宏大的地下酒窖，作为梅多克的首例，这种地下酒窖特别适宜橡木桶陈酿。如此多的创新和改革，后来在其他酒庄被不断复制、重演和普及。老先生走在了这场战争或革命的前面，他比同行至少提前两年完成了玛歌庄的现代化，两年后，那些最先反应的同行才开始着手老先生做过的事。追随者们沿着他走过的道路前行……

与其说是宝藏的拥有者，女儿更愿意把自己看作是一个保管人。她从来不会说“玛歌庄属于我”；她喜欢说“我属于玛歌庄”。在路上，这位醉心美文的酒庄女主人承认说：“我甚至不能说是波尔多人……”言语间没有丝毫在其他人那里经常见到的假谦虚。她进一步解释道，她自觉是半个希腊人，有点美国人，但归根到底，是个真正的梅多克人。

这些并不妨碍她影响并征服当地酒农的小圈子。她的严谨、她的敬业、她在这门复杂而细腻的艺术面前所表现出的谦恭，都使她能被这个相对封闭的小圈子所接受。总之，正是这位女士，1980年时，年轻的她，全身心地投入玛歌酒庄，把自己融入到了这个圈子中。开始时，为了获得必要的支持，她曾联合意大利人阿涅利（菲亚特汽车的老板。－译者注）；后

P63：从葡萄田远眺酒庄（左图），或近观酒窖宝藏（前页图片），酒庄神采如一。迷人，无法模仿。

来，她想收回对酒庄的全面掌控，于是从意大利家族手中又回购了曾出让的股份。龙生龙，凤生凤，血统纯正至关重要……

除此之外，歌海娜·门采洛保罗斯还是重视团队建设的第一人。她的团队既团结又充满活力，紧紧围绕在她身边。无疑，年轻是这个小团队最大的本钱。她回忆说："开始时，我们只有30多岁……"的确如此，特别是出色的经理人彭达列（Paul Pontallier），他在歌海娜领导下打理酒庄，成为歌海娜的得力助手。

这位男士热情和蔼，他引领访客围着大庭院穿行于地上地下，参观幽暗的酒窖，他特别会给参观者制造惊奇。门采洛保罗斯老先生原来的想法，是在两个主体建筑间挖一个拱形大酒窖，现在建的连排酒窖则非常合理，从这里，可以把大木桶送到庄内的橡木桶作坊，这是众多列级酒庄留存下来的最后的木桶作坊之一。酒窖最古老的部分是个宽敞的大厅，被爱奥尼亚式的廊柱分隔，庄严而朴实。这绝对是个杰作，线条优美，值得专门绕行过去参观。

彭达列强调说："这是最漂亮的酒窖之一，我们接手它时就这样原汁原味。我们很仔细，避免添加乱七八糟的东西。您现在所见，与19世纪的老铜版画上所描绘的一模一样。"

从建筑学到哲学，只有一步之遥，玛歌庄引领我们迈过了这一门槛。在其他任何地方，我们都不会如此关注这些深刻的问题：先天与后天、自然与耕作、力量与形式……但我们需要离开精神的宫殿，重新回到地上……回到本原，它令人多么垂涎欲滴！走出塔楼时，彭达列倒了些酒，他高兴地一边讲解，一边品酒、一边展示。深度、温度、劲道……"毫无疑问，这款2003是好酒，伟大的酒……"他小声说道，"尽可能少说话，去体会它，让自己被感动。"

到访者在这里会发生些许变化。庄内度假，暮色降临，酿酒车间的大庭院，如此清净。当你在蒙蒙细雨中略带伤感地离开酒庄时，回眸一瞥，酒庄辉煌的廊柱渐渐远去，消失在梧桐大道的尽头……是离开玛歌庄的时候了，我们又沮丧地回到了现实世界。

P64：酒庄的酿酒区域，像个小村子，这里甚至还能见到木桶作坊（右图）。

JAPON
Paolo Uccello
PICASSO
PAUL KLEE
THE AGE OF HUMANISM
THE EIGHTEENTH CENTURY
PRIVATE VIEW

木桐酒庄

CHÂTEAU MOUTON ROTHSCHILD

波雅克 Pauillac

这只世界上最著名的“羊”（Monton，在法语里是“羊”的意思。－译者注），与波雅克名菜“美味小羊肉”没有丝毫联系；在古法语里，这或许来源于“Motte”一词，意思是小山岗，即今天仍在出产梅多克名酒的这片土质贫瘠的山坡。这个文字游戏被广为传播，因为菲利普·德·罗斯柴尔德男爵（Baron Philippe de Rothschild）决不会浪费这个天赐良机：生于1902年4月13日、属白羊星座的男爵，把自己的名字与酒庄保护神“羊”紧密联系在了一起。

菲利普男爵接手酒庄时，只有20岁。酒庄在过去曾经是布朗·木桐封地的一部分，三代之前，即70年前，来自罗斯柴尔德家族英国支脉的祖父纳塔涅男爵买下了它，并赋予它新的名字“木桐·罗斯柴尔德酒庄”。当时的菲利普男爵终日置身巴黎时尚圈，醉心于英伦诗歌的唯美主义，热爱旅行，还参加汽车拉力赛。让这样一个年轻人回家，回归波尔多人的内心深处，确实不容易；这需要一些勇气，特别是一种发自内心、不欺骗自己的冲动。菲利普男爵这个关乎一生命运的抉择，后来引发了一系列无法估量的影响，不仅是对木桐酒庄，对整个酒界也是如此。

1924年，这个奇特的年轻人向平静的水塘里投下了一块大石头：他决定自己包装酒庄出产的全部葡萄酒。从此，木桐酒庄的全部葡萄酒都在酒庄内装瓶！对有着数百年历史的葡萄酒商来说，此举赫然剥夺了他们这块有利可图的业务，虽然这种业务是有损酒庄利益的。但对酒庄来说，此举则赋予了他们一种责任，以及一种从未有过的名望。

就像所有革命一样，此举必然引发一系列的变革，首先是场地问题，要容纳多个年份的葡萄酒，原

P66：像是巴黎或普洛旺斯的图书馆。但实际上，这里是波尔多最时尚的沙龙之一。

来的场地就显得太小了。从1926年起，一些相应的设备被陆续安置，特别是长达百米的“大酒窖”，这在本地区尚属首例。喜爱戏剧的庄主把大酒窖的设计委托给了杰出的设计师希克里，后者曾设计了巴黎白街的毕卡尔剧院。大酒窖内，橡木桶壮观地排列成行，无廊柱的宽敞大厅有着剧场般的照明效果。不用说，储酒的数量也大大增加了，这一切意味着这个超前的设计取得了巨大成功，此后屡被模仿。

成功创新有个悖论：当这种创新一旦成为风尚，就让人觉得是显而易见的，甚至是简单的。但我们应该置身于当年的历史背景，想想看，这样的设计在当时会是多么的新奇，令人深感设计者的大胆与果敢。

此外，“酒庄内装瓶”也使得酒庄开始关注酒瓶的外观，采用个性化的酒标设计。1924年，广告画师让·卡吕（Jean Carlu）受托为木桐庄设计了第一幅酒标：他采用立体派画法把必不可少的羊头与罗斯柴尔德家族的五箭标志组合在了一起。20多年后，为了庆祝二战解放，男爵选用了朱利安（Philippe Jullian）的设计，即丘吉尔的“V”型胜利图案。

P70：杜朗的杰出漆器，在吸烟室内，反映葡萄采收景象（前页图）；让·卡吕设计的不朽之作及菲利普男爵的公羊（下图）。

此后，其他多位艺术家都陆续收到了酒庄的设计请求。开始时，是一些和罗斯柴尔德家族比较亲近的创作者，例如罗朗桑（Marie Laurencin）、科克托（Jean Cocteau）和菲尼（Leonor Fini）。每一年木桐庄的酒标都会由一名艺术大师进行设计，这个原则只有极少年份例外，如：1953年，购买酒庄百年纪念；1977年，英国王太后的私人访问纪念；2000年，庆祝千禧年。渐渐的，又有一些伟大的艺术家也受邀加入了这个令人难以置信的杰作收藏：从米罗（Miro）到达利（Dali），从夏加尔（Chagall）到巴尔蒂斯（Balthus），从毕加索（Picasso）到巴塞利茨（Baselitz）。作为酬劳，每位艺术家将得到数量不等的几箱木桐酒……

木桐庄扎根艺术的思想贯穿于整个20世纪50年代，最终导致了其博物馆的设立。该博物馆就设在庄内，它以葡萄园和葡萄酒为主题，收集和展示了很多珍贵的艺术品和历史上与之相关的应用艺术。博物馆于1962年开张，由马尔罗（André Malraux，法国著名作家，时任法国文化部长。－译者注）剪彩。这个举世唯一的收藏展从此成为波尔多文化遗产中的一朵奇葩，每年都吸引着来自世界各地的参观者到访这座标志独特的酒庄。

如此条件，木桐庄焉能不名扬世界？为了充分借用梅多克列级酒庄的威名，从1933年起，酒庄的酒业公司又推出了次级品牌酒“木桐嘉棣”（Mouton-Cadet），这款酒后来成为在世界上卖得最多的一款波尔多葡萄酒。成功会带来新的成功；这款酒在生产、销售和宣传的过程中采用了很多新手法，后者逐渐扩散到其他酒庄，为众人所效仿。

HR
540
1982
300

剩下要做的，就是讨回公道。1855年酒庄分级时，有关权威们虽然承认木桐酒的性价比与其他一级酒庄相等，有时甚至略高，但最终还是没有评定它为一级酒庄。由于城堡和设备年久失修，那些权威们把木桐庄评为第一名……却是二级酒庄的第一名！对菲利普男爵来说，这个古老的伤口伤痛如新。受罗昂公爵（法国17世纪历史人物，未当成国王。－译者注）的座右铭启发，他将木桐庄的座右铭定为“不能第一，不屑第二，我就是木桐”。他没有放弃，在半个世纪中，酒质稳步提升，酒庄历经整修，品牌重归一线，这些都使得男爵要对原有的分级提出质疑。

为了达成这一目标，需要很大的毅力，需要在各部门间斡旋，需要外交般的纵横捭阖，冲破层层阻力：来自其众多邻居酒庄的阻力，包括……不可说……他的亲戚酒庄（指同属罗斯柴尔德家族的拉斐庄。－译者注）！1973年，男爵先生坚持不懈的努力终于击破了法国政府和全行业的惰性极限：酒庄分级历史上的唯一一次，木桐庄离开了二级酒庄的行列，晋升为一级酒庄。男爵的座右铭从此改为：“我是第一，曾是第二，木桐不变。”

一段令人难以置信的传奇故事！庄主凭一己之力，历经60余载，将酒庄提升至巅峰，酒庄与庄主交相辉映！1988年，这位伟大人物仙逝，其女儿菲莉嫔女男爵（Baronne Philippine）接掌酒庄。这次轮到她放弃巴黎的戏剧世界，全身心地投入到这一梦幻事业中来。这位充满活力的女子将向世人证明，她不会辜负父亲的重托。与父亲相比，她同样乐观，同样坚强，同样善于交际，可能还更加开放：委托哈林（Keith Karing）或培根（Francis Bacon）设计的酒标即是明证。在行家眼中，没人怀疑酒庄新主人的美好愿望；大家都确信，在未来很长时间里，木桐一直会是木桐。

P73：别找餐厅；在这里，人们会根据当天的心情在客厅内搭起桌子，客厅墙檐有一条石质浮冰状的装饰。

奥比昂酒庄

CHÂTEAU HAUT-BRION

佩萨克-雷奥良 Pessac-Léognan

建筑学的哥德式交叉穹窿起源于莫里安村（法国瓦茨省古镇，其教堂因此著名。-译者注），园艺学的法式花园发轫于沃雷维宫（巴黎东南的城堡，建于路易十四时期，凡尔赛宫仿它而建。-译者注），而葡萄酒界的“庄园酒（Grand Cru）”概念则诞生在这里——奥比昂酒庄。众所周知，1855年分级体系将奥比昂庄作为特例，把这款传奇的格拉夫酒（Graves，波尔多产区之一，在梅多克南边。-译者注）放在了梅多克名酒榜的前列。像其他领域的奠基者一样，奥比昂酒庄也保持着多项第一的纪录：第一个采用酒庄名号、第一个葡萄园城堡、第一款出口外销名酒、第一次采用葡萄嫁接技术……这家先驱酒庄，曾创下数不胜数的第一，并因此一直略微领先于同道。

奥比昂酒，最早曾被称为“彭塔克家的至尊酒”，这归因于彭塔克（Pontac）家族此前多年的巨大努力。光荣归于先祖让·德·彭塔克（Jean de Pontac），正是他为酒庄奠定了基础。他曾与蒙田和拉·鲍埃蒂（二人皆为法国16世纪哲学家。-译者注）为伍，同为波尔多议会议员。在拥有奥比昂部分领地之后，他终于在1533年买下了全部领地。17年后，他建起了一座名副其实的酒庄。天纵奇才，他让这片得天独厚的葡萄地释放出了潜能，他还在葡萄园后的黏土地上建起了城堡：这些后来都成为大家500年来所恪守的原则！这个老人享年百岁，据史料记载，老人“没有痛风和结石等任何疾病，直到去世时都神志清醒能说话”。

血统纯正，不弄虚作假，家族后辈们一直致力于将酒庄发扬光大。酒庄的品质很快被大家所接受：它出产的酒口感独特，更醇厚，更细腻，比当时人们喝过的任何一款酒都更吸引人。酒庄诞生百年后，以奢华生活著称的阿尔诺三世接手酒庄（他曾在波尔多

P75：这尊猛兽，看上去正当空吼叫，守卫着城堡的主庭院。

修建金碧辉煌的“杜拉德宫”作府邸），他做了一件出乎酒商们意料的事情：伦敦大火翌日（1666年9月，伦敦发生历史上最严重的火灾。－译者注），挂着彭塔克家招牌的酒馆就在泰晤士河边开张了，并很快成为当地最受欢迎的场所之一。从此以后，饮用法国奥比昂酒就成为英国人的习惯。当年，醉意朦胧的佩皮斯（Samuel Pepys，英国17世纪日记作家，曾记述伦敦大火。－译者注）把奥比昂酒错拼为“Ho-Bryan”。

另一个值得尊敬的家族是拉里约家族（Larrieu）。他们在路易－菲利普的“七月王朝”时期（1830至1848年。－译者注）买下了奥比昂庄，并一直拥有至米勒兰总统时期（Alexandre Millerand，1920－1924年兼任法国总统。－译者注）。时代变迁的象征：权力从贵族手中滑向了金融家那边；在1836年3月的拍卖中赢得酒庄的欧仁（Joseph Eugène），是个充满“七月革命”理想的巴黎银行家。其子阿梅德接掌酒庄后，对酒窖进行了现代化改造，此时的奥比昂酒更加卓越。拉里约家族，从父亲到儿子，从叔叔到侄子，前赴后继，把这个体现他们全新酿酒理念的酒庄带向巅峰。

从17世纪起，英国人、荷兰人都开始进口庄园葡萄酒，并发明了很多便于葡萄酒出口运输的东西。例如：“荷兰商用帆船”，这是一种便于橡木桶运输和装卸的快速货船，它的出现反映了北欧人对彭塔克家葡萄酒的喜好……奥比昂的面向世界之举很快影响到了众多梅多克酒庄。这一全球化或国际化的视野，奥比昂庄保持至今，从未放弃。

大革命和帝国时期的动荡时局，使得酒庄阴差阳错地落入了塔列朗（Talleyrand，法国19世纪外交家，曾担任6届外交部长，腿瘸。－译者注）手中。在法国这段惊心动魄的历史时期，他是法国的外交部长。正如人们耳熟能详的那样，这个“瘸腿魔鬼”靠着其厨师的才艺，把美食提高到了与绘画艺术等同的高度，餐桌成了他的外交利器。但很少有人知道，实施这一策略最初凭借的就是他的奥比昂酒……

一个多世纪以后，奥比昂的新庄主——美国人道格拉斯·狄龙（Douglas Dillon）又把这一外交殊荣进一步发扬光大。在担任美国驻法大使期间，他的一大任务就是向白宫和爱丽舍宫优先供应奥比昂酒……

这位大使的父亲，即著名的克拉任斯·狄龙（Clarence Dillon）先生，在1935年从吉贝尔手中买下酒庄。当时，美国刚刚解除禁酒令，大洋彼岸显得商机无限……这个纽约的大银行家，其嗅觉、灵感、创新意识及长寿都容易让人联想起奥比昂庄的先祖让·德·彭塔克。这位迟来的波尔多新移民，对这片葡萄园充满激情和冒险精神。作为家族的奠基者，他把薪火传给了他的后辈们，至今已逾四代，仍执掌着酒庄。

他的孙女茹安（Joan），即后来的穆希公爵夫人，茹安的儿子罗贝尔（Robert）出生后成为卢森堡王子，他们从前辈手中接过了火炬，豪情万丈，对家族事业充满热爱；如今，他们表现出的则是一种平和心态，一种对酒庄悠久而深厚的历史传统的信心。在这座满是精致家具的城堡内，在这片重新栽种过的葡萄园上空，凝聚着一种难以形容的精神，只可意会，

P76：收藏众多葡萄品种的葡萄园，夹着酒瓮的酒神－老雕像（上图）；打着奥比昂庄缩写标记CHB的葡萄酒杯，魔力无边…

不可言传，一种不可言喻的存在状态。奥比昂，不仅是伟大的酒庄，更是一处神圣之地。

奥比昂庄紧邻波尔多市区，这一便利条件在历史上起到了很大作用。作为波尔多的法官世家，彭塔克家族在这里可以方便地接触到很多大酒商；金融世家拉里约家族也是看重了其邻近都市的位置；至于狄龙家族，他们大洋彼岸的亲戚们都很适应酒庄邻近城市又便利出口的绝佳位置。而今天，其优越位置的最尊贵之处还在于，大学就建在了葡萄园门口，便于酒庄与农学家交流。

事实上，奥比昂人很早就已采用了科学实验和现代化的手段，他们是在葡萄根瘤芽灾害过后最先采用嫁接技术的人；在二战后的耕作机械化的浪潮中，他们也不甘居人后。1956年大霜冻后，他们最先采取了选择性的重新种植，从而为各种各样的前卫技术开辟了道路，与佩诺博士在20世纪70年代和80年代的发明遥相呼应。

酒庄经理戴尔玛父子（Delmas）打理酒庄时期，无论是父亲乔治（Georges），还是儿子让－贝尔纳（Jean-Bernard），他们都对科学技术进步持完全的开放态度，这促进了对酒庄葡萄品种的研究：将部分可繁殖品种分离，进行“无性繁殖”研究，以使葡萄获得独特而珍贵的品质。但这并不等于说“这种有些脱离实际的尖端研究会削弱葡萄的基本属性”。小戴尔玛不慌不忙地解释说：“我们从未打算，也从未想过，要在这里酿造出与奥比昂酒不同的东西。”

在研究试验方面，无论是否有大学参与，酿酒环节都是必不可少的研究对象。当然，不能说，狄龙家族在这一环节有很多发明创新。1961年，奥比昂庄在波尔多最早采用了不锈钢发酵罐，这不仅更加卫生，还能通过冷却手段停止发酵。40年后，奥比昂庄仍保持着这种探索精神，前不久，他们在业内率先采用斜底发酵罐……

对这类小创新，毋庸赘述，我们从中可以轻易地得出结论：在奥比昂，创新首先要基于其传统。这种方式有些像日本人，或离我们更近些的英国人。一只脚踩着过去，另一只脚迈向未来；这是最保险的方法，既向前迈进，又不失本性—本性就存在于美酒的灵魂深处。添一分则太过，减一分则不足，说的正是这款“格拉夫之王”不可模仿、不可增删的完美品质。

P78-P79：18世纪以来布满佩萨克村的葡萄树。

P81：挂在墙上的酒庄示意图（上图）；用于无性繁殖研究的葡萄品种（左图）。

2

侯赞－塞格拉酒庄 Château Rauzan-Ségla

侯赞－佳希酒庄 Château Rauzan-Gassies

里奥威－波斐酒庄 Château Léoville-Poyferré

里奥威·巴顿酒庄 Château Léoville Barton

杜夫－维旺酒庄 Château Durfort-Vivens

古贺·拉浩斯酒庄 Château Gruaud Larose

拉斯贡酒庄 Château Lascombes

帕讷－冈特纳酒庄 Château Brane-Cantenac

碧尚－龙维酒庄 Château Pichon-Longueville

碧尚－龙维，拉朗德女伯爵酒庄 Château Pichon-Longueville， Comtesse de Lalande

杜克－宝嘉佑酒庄 Château Ducru-Beaucaillou

科·埃斯图耐尔酒庄 Château Cos d'Estournel

玫瑰山酒庄 Château Montrose

侯赞－塞格拉酒庄

CHÂTEAU RAUZAN–SEGLA

玛歌 Margaux

副面孔。一脸花白的络腮胡，穿着一件剪裁得体的厚呢上衣，约翰·科拉萨（John Kolasa），这里至高无上的大掌柜，让人不禁联想起新派莎剧演员——那些人在20世纪末的英国彻底颠覆了奥利弗（英国历史上最伟大的莎士比亚剧演员，号称莎剧王子。－译者注）的表演程式。科拉萨身上散发着一种成熟男人的魅力，这让他的团队对他倍感信任和尊敬。“我总是征询他们的想法，并尽可能地给予重视……”科拉萨说，“你们知道，我并没发明任何新东西；我不过是在谦卑地重复前辈们曾经做过的……”毋庸置疑，这样的男人肯定会具备正确而长远的眼光。

一处场景。殷勤好客的贵族乡间别墅，连同爬满藤蔓和蔷薇花的附属建筑，共同组成了一处集奇幻和高雅于一身的建筑群。这里的老瓦片、木筋墙、黄色石块和正襟端坐的看门狗雕像，都令人想起乡间古村最美好的东西。掩映的树木并没有遮挡住人们的视线，从这里一眼望去，布局整齐的50公顷葡萄园尽收眼底。这里的人们仍保存了前辈的行事艺术；或者说，他们找回了这种艺术。

一种哲学。自1994年起，香奈尔香水（Chanel）公司成为酒庄的新主人。从一开始，他们就带来了某些昂格鲁－萨克逊式的观念：既对酿酒艺术大师充满尊敬，又让他们对有点膨胀的野心保持谦卑和克制。香奈尔公司给酒庄还带来一种能力，一种作为大投资家为未来和下一代打造品牌的能力。

正是人物、酒庄与这种精神的完美结合，才使得侯赞－塞格拉酒庄取得了成功，并名正言顺地稳坐二级酒庄的头名宝座。一个半世纪以前，它曾排在木桐庄后面；今天，它仍然紧随其后，这一点得到专家们的共识。如果说酒庄的目标是重新找回19世纪末的黄金时代，找回酒庄古老名号中的“Z”（酒庄名称的

P85：庭院、木筋墙和门洞上的塔楼：从门口望出去，有风景如画之感。

Rauzan在历史上曾一度被改为Rausan。–译者注），那么可以说，这项使命已经完成。

所有这一切中，最体现这位掌柜勇气的是，他公然宣称，他和本地的酒界小圈子格格不入。科拉萨是个充满人文主义精神并喜爱法国的英国人，他曾当过很长时间的法语教师和书法教师，他“爱上葡萄酒纯属偶然”。一系列的偶遇、一见钟情和激情澎湃，最终使他决定在工作中学习这门艺术。后来，他又在大酒商亚努克斯公司工作了10年，最后终于跻身名庄之尊——拉图酒庄。

为什么离开拉图？因为他要成为酒庄第一人，宁为鸡头，不为凤尾。因为香奈尔公司的庄主们找到他时，用如下言语打动了他，原话大意是：“咱们各司其职。我们在纽约，你在玛歌；有需要，尽管说；其他的，你全权处理！”当老天发来一手臭牌时，这位掌柜会克制自己不冲动，他管理酒庄就像一个好父亲。“每个新年份，就像一个将被我们接生下来的孩子，”他解释说，“有的年份，孩子身体结实，将来去打橄榄球，这很好；下一年，他又可能很虚弱，但或许因此显出些许艺术气质……也很好呀！”

到访侯赞–塞格拉酒庄的客人经常感受到：人们在这里会享受到大自然带给的一切。无论是酒庄的全职经理，还是临时帮忙侍餐的酒农、村妇们，他们耕耘并维系着出自这片风土的传统生存艺术。在这些村妇们正宗法语熏陶下，久而久之，科拉萨讲话时的英国口音没有了。这位掌柜总结说：“我酿酒，是为了享受快乐和交流；因为我们这一行的目的不是为了品酒大赛和年份酒收藏；如果我们做出好酒，千万不要忘记，这首先是为了在将来某一天打开它并和朋友分享。”

这是酒庄最看重的，也是其努力的唯一动机。

P87：酒庄远景（上图）或休闲照（见左图），这些建筑透出些许英伦风格。

侯赞－佳希酒庄

CHÂTEAU RAUZAN-GASSIES

玛歌 Margaux

1661年，法国国王路易十四终于摆脱了红衣主教的束缚（指时任首相的红衣主教马扎兰，逝世于1661年。－译者注），开始了真正属于自己的统治王朝。在梅多克，作为最早的几个伟大酒商之一，皮埃尔·德·侯赞（Pierre de Rauzan）大名鼎鼎，吉伦特河两岸至今无人不晓。他用自己的方式获得了酒庄，买下了贵族世家佳希家族（Gassies）的葡萄园。这块地从16世纪初开始曾属于某个叫德塔特的贵族，到德·侯赞接手时已近荒芜。多亏了德·侯赞，正是由于他打下的基础，这片葡萄园后来才变得无愧于其名号。多年之后，这位雄心勃勃的德·侯赞先生甚至还声称，要租下玛歌庄和拉图庄，他还在波雅克创建了碧尚酒庄（Pichon）……所有这一切都说明，德·侯赞先生对本地区的贡献良多。

皮埃尔·德·侯赞的后人们一直很好地保有着这笔家族遗产，使它历经一个多世纪而毫发无损，直到路易十五王朝末期。其后，在1766年，酒庄一分为二。“塞格拉”（Ségla）女男爵用自己的名字命名了属于自己的那部分领地，包括其漂亮的房舍；另一位则保留了原来的名号。从此，在侯赞－塞格拉酒庄旁边，有了侯赞－佳希酒庄。在1855年分级时，侯赞－佳希酒庄像它的兄弟庄一样位列二等。当时的庄主叫维凯里；在其后的几十年中又有多位继承者。

二战结束后，吉耶（Quié）家族接手了酒庄，该家族同时还拥有夸哉·巴日酒庄（Château Croizet-Bages），这个酒庄的城堡就位于波雅克镇的入口处。先有保尔·吉耶，后有其儿子让－米歇尔（Jean-Michel，现在仍在执掌酒庄），父子俩在这片神奇的土地上都采取了尊重传统而又简单易行的方法。这是一块风水宝地，但由于是混合土质，沿加龙

P88：酒庄的真实记忆。酒窖是个神圣之所，在这里，时间仿佛凝固。这是几瓶1983年份的酒－出色的年份。

CHATEAU
RAUZAN-GASSIES

河旧河床分布的一连串小地块令它变化多端；从深层砾石到砂砾土质，在这里几乎能找到所有种类的梅多克土质，它几乎就是当地地质状况的完整标本。

或许，正是由于英国客户的极度保守（德·侯赞先生在历史上曾经亲赴伦敦卖酒），酒庄多年来一直采用着传统酿酒方式。1992年，酒庄安装了一些现代化设备：例如，在传统的橡木桶酒窖旁边，建起了不锈钢罐的发酵车间，容量约40万升。但我们不能就此认为吉耶庄主、酒庄经理岗朴先生及其团队再不愿回归传统酿造方式。因为长久以来，这一酒庄及其兄弟夸哉·巴日酒庄，正是靠着这一传统方式才赢得了如此严谨而辉煌的声誉。创新会不会导致酒庄的事发生变化？导致酒的品质下降……但这个问题没必要担心。在法国和世界各地举办的多场品酒会都表明，这是一款伟大的酒，既有劲道，又不失细腻，而且还能忠实表现出其风土的复杂性。在这款酒的酒标上，侯赞家族的翅膀托着酒庄的徽章，在吉伦特河的薄雾上飞翔。

P91：酒窖入口（左图），邻近另一家侯赞庄，如同其庭院和房舍（上右图）一样，朴实无华。这款二级庄的力量所在。在1959年份酒（见上左图）上，我们可以清晰分辨出“佳希之翼”环绕着家族的徽章。

里奥威－波斐酒庄

CHÂTEAU LÉOVILLE-POYFERRÉ

圣于连 Saint-Julien

说起“里奥威－波斐酒庄”，如果不先搞清楚几个里奥威酒庄间的关系，我们就会一头雾水。因此，我们先要上溯到18世纪，当时的“里奥威”（Léoville）领地是梅多克地区最大的葡萄庄园，领主亚历山大·德·卡斯克（Alexandre de Gascq）去世时，这片领地被分给了其众多子嗣。拉斯卡思侯爵是领地的四位继承者之一，在大革命时期流亡海外，他的那份产业因而被当作国家财产拍卖，几经转手，落到了巴顿家族手中，二级庄里奥威·巴顿酒庄（Léoville Barton）就此诞生。除了几位继承者所共有的大庭院外，原领地剩余的四分之三部分在1840年被一分为二：哥哥，即《圣赫勒拿岛回忆录》的著名作者（哥哥埃曼努尔·德·拉斯卡思曾随拿破仑在圣赫勒拿岛流放，访谈拿破仑并编辑成书。－译者注），创建了里奥威·拉斯卡思酒庄（Léoville Las Cases，又译“雄狮酒庄”。－译者注）；妹妹让娜（Jeanne）嫁给了波斐男爵（Baron de Poyferré），并以此命名了里奥威－波斐酒庄。

居维列家族（Cuvelier）具有北方家族所共有的高尚品德，他们在第一次世界大战后接手了里奥威－波斐酒庄；60多年后，即1979年，家族后人迪迪埃·居维列（Didier Cuvelier）开始执掌酒庄。几年间，这位做事井然有序的男子对酒庄进行了巨大变革。当时，历经长时间的危机过后，酒庄葡萄园面积已减少了一半。他从这里入手，先是全部重新栽种葡萄，然后，对嫁接根芽已坏的田垄进行了拔除并重新栽种。

为了应对20世纪80年代的销量大增，这位酒庄的新主人大兴土木，酒庄建筑充分结合了个人喜好与必要的功能，因而美观大方，既尊重传统，又便于新设备的使用。1990年至1991年间，酒庄建起了一座全新

P93：棋盘状的大理石地面让酒庄发酵车间显得简约而雅致。

的橡木桶酒窖，其玻璃墙和标有庄徽的滑动门俨然成为了酒庄新式风格的典范。1993至1994年间，发酵车间全部更新，并采用了许多酿酒科技的最新成果。

酒窖和发酵车间改建工程的第一阶段，终于在1996年全部完工，酒庄从此具备了完善而出色的生产设施。作为1840年与雄狮酒庄分家时的后遗症，由于双方共有的大庭院不得分割，而酒庄发酵车间正好位于城堡另一边雄狮酒庄的地块中间，里奥威－波斐酒庄的人们必须穿过“葡萄酒之路”（指穿越酒区的主干道路。－译者注）才能前往自己的发酵车间……为此，迪迪埃庄主正在考虑一项新的宏伟建筑规划，以便让酒庄拥有与自己等级相配的接待场所。

作为一名哲学家，迪迪埃庄主考虑问题很全面。他尤其不会忽视让家族产业保持稳定的根基。他说到：“我永远不会忘记，我们在危机时期之所以能保留下酒庄，完全得益于我们同时还是酒商。从酒商角度看问题，对我们来说非常重要，必须切记。”正因如此，遥远的外国市场虽然充满诱惑，但他始终不忘传统客户：“我们永远不会忽视法国本土市场，无论如何，酒价不可能无限制地涨下去。人们可以一点点地提高价格；但不应该暴涨。”这位智者分析并总结说：“树再高，也不可能长到天上。”

庄主的办公室是DECO艺术风格，有着黄色的墙和异国风情的木门。站在其雅致的办公室内，这位里奥威－波斐酒庄的改革者眉头紧锁地思考着，不知他头脑里又有了什么新计划？但毋庸置疑，在任何时候，他的决策都是经过理性和审慎的深思熟虑后才做出的。理性和审慎是北方家族的两大优点，要想让酒庄永远延续下去，这两点是必不可少的，小心驶得万年船。

P95：从酒窖标志性的入口（上右图）到窖内的拱穹（左图），近四分之一世纪以来，酒庄进行了大量改造。

里奥威·巴顿酒庄

CHÂTEAU LÉOVILLE BARTON

圣于连 Saint-Julien

休·巴顿（Hugh Barton）是个传奇人物。1789年法国大革命时，他在波尔多经营家族的酒商生意，因而也未能逃脱革命恐怖的冲击。1793年10月，他和夫人一起被捕，财产被剥夺，并受到"上断头台"的威胁！苍天保佑，他后来幸免于难，逃回了父辈居住的爱尔兰岛……革命风暴过后，他又重返梅多克。得益于当时风行法国的财产证券化运动，他在1821年买下了朗歌酒庄（Langoa），并在1826年得到了里奥威葡萄园（Léoville）的一部分。

买下的这部分里奥威葡萄园，后来成为了里奥威·巴顿酒庄（Léoville Barton），它只有葡萄田，没有城堡和任何建筑，至今一直如此。因此，酒庄的城堡实际上是朗歌酒庄的。尽管如此，1855年的神圣排行榜仍把这款伟大的里奥威葡萄酒评为二级，兄弟庄朗歌酒庄反而被归入三级。这对邻居，关系错综复杂。不仅酒庄城堡，其酒窖和发酵车间也都是朗歌酒庄的。可以说，在这种条件下，里奥威·巴顿酒庄只有葡萄田。是的，只有葡萄田，这该是多好的葡萄田啊！它大部分位于一座朝向绝佳的小圆丘上，黏土和石灰岩上布满了一层薄厚均匀的冰川期砾石。

至于这款伟大的酒本身，怎么描述它的魅力和感觉呢？它酒色深红，酒香浓郁，入口柔顺，如天鹅绒一般；它结构完美，单宁收敛而平衡，回味悠长——都是有点格式化的品酒用语。伟大的酒自己就能证明一切，无需借助所谓传奇；它位列二级，名副其实。

在这款细腻的里奥威·巴顿酒里，我们能清晰感受到巴顿家族的性格烙印：从先祖休（Hugh）到今天的安托尼（Anthony），他们都把自己最美好的一切奉献给了这款美酒。虽然有些名人略有微辞，但事实胜于雄辩。在每瓶巴顿酒里，都隐藏着一种美好的品格，明显属于这些爱尔兰人：他们世世代代小心翼翼地生活在吉伦特河畔。

P97：休·巴顿（Hugh Barton，1766－1854）是家族的伟大人物。作为威廉的四子，正是他获取了朗歌酒庄（Langoa，我们可在本页背面欣赏其城堡的图片）和里奥威酒庄（Léoville）的一部分。

杜夫－维旺酒庄

CHÂTEAU DURFORT–VIVENS

玛歌 Margaux

法国大革命前，即远早于1855年分级表的某一时间，著名的托马斯·杰弗逊（1743－1826，美国第三任总统。－译者注）曾游历梅多克各酒庄，并自己制订了一份名酒排行榜，以作消遣之用。他当时把拉斐、拉图和玛歌列为头等酒庄，历史也证明了他确有道理；但紧随其后的，就是杜夫－维旺酒庄，如此评价不无道理。两个多世纪过去了，无论如何，这个二级酒庄不该如此默默无闻；其间，酒庄曾多次获得证书或大奖：这些东西虽然都是锦上添花，但也值得记录在案。

杜夫－维旺酒庄在历史上屡经磨难，在整个20世纪，酒庄曾数易其主。1937年，杜夫－维旺酒庄被玛歌酒庄收购，卢顿家族当时是玛歌庄的股东。后来，卢顿家族从玛歌庄撤股，并由吕西安·卢顿（Lucien Lurton）在1962年从玛歌庄手里买下了杜夫－维旺酒庄。

1992年，吕西安·卢顿的一个儿子贡萨戈·卢顿（Gonzague Lurton）接手酒庄，并从1995年起对酒庄进行了成功的设备更新。这次更新虽然投入巨大，但让酒庄从此一劳永逸，具备了实现宏伟计划的能力。这真是个令人惊奇的矛盾现象，在杜夫－维旺酒庄，最先进的科技与最传统的材质相结合，相辅相成：例如，酒庄坚持使用木质发酵桶和橡木桶，用以完美表现这块贫瘠土地与生俱来的无尽财富。

对某些人来说，初战告捷就会洋洋自得，并自认为已走完一半的征程……但贡萨戈不是这种人。他认为，万事俱备，正好开启新的征程。他后面想要的，是让他的酒庄重塑辉煌。他的宏伟计划进展很快，只需看看国内外酒评家们的褒扬和好评，就能知道如今的杜夫－维旺酒庄已经重新拥有了卓越地位——几百年来曾经拥有的等级地位。

P101：发酵车间，经过水洗的石板地，不锈钢发酵桶和木质发酵桶并用。

如今，贡萨戈和他的团队把全部心血都倾注在了葡萄田里，其遵循的理念是：要酿出最能表现“风土”特征的伟大葡萄酒，一款在别处做不出的葡萄酒，一款这里所特有的葡萄酒。如此这般，想想看，哪里还会有所谓“新世界酒”的竞争？这种竞争让人觉得荒谬。这也许是解决竞争的最好办法。在这款酒里，我们可以感到，杜夫－维旺酒庄对有生命的物质保持着一种绝对的尊敬和崇拜，这种人与自然的和谐统一仿佛是遥远东方的通灵异术。

正是基于这一思想，在从葡萄种植到最后装瓶的全过程中，杜夫－维旺酒庄都尽可能地限制使用非人化的东西。贡萨戈及其团队认为，没有任何东西比葡萄酒更通人性。他们确有道理，在酒庄内，自始至终，人们都高度重视使用人工的方法、手段和程序……剩下的就是喝酒了。这里的发酵车间和酒窖有部分是新的，但酒的精致和芬芳却始终未变，就像一位古代人文主义者所说，这个酒“多么令人愉快、令人欢笑、令人肃然起敬，琼浆美味，宛如天赐”。

P102：面向“葡萄酒之路”的尖顶房（左图），里面有酒庄的橡木桶作坊（右，中图）和酒窖（右，上图和下图）。

古贺·拉浩斯酒庄

CHÂTEAU GRUAUD LAROSE

圣于连 Saint-Julien

站在古贺·拉浩斯酒庄的方形塔楼上，旗帜飘扬，一眼望去，一片广袤而疏密有致的葡萄田尽收眼底：120多公顷中，有80公顷种着葡萄，这片葡萄田位于圣于连产区的中心地带。酒庄周围的葡萄田风景如画，田里还架着一门用于防雹的大炮。酿酒工房面积很大，布局合理。酒庄城堡是新古典主义风格，建于1875年，反映了18世纪的风尚；修剪整齐的花园里栽种着玫瑰，让人联想到庄名（庄名里的Larose一词在法文里是“玫瑰”的意思。－译者注）……此番美景足以体现，古贺·拉浩斯酒庄是个出类拔萃的酒庄。

很久以前，一位叫古贺（Gruaud）的先生创建了酒庄，但让酒庄获得高贵等级排名的人，则是他的侄子拉浩斯先生（Larose）。其后，在19世纪，酒庄曾一分为二：古贺·拉浩斯·萨杰酒庄和古贺·拉浩斯·弗尔酒庄。1935年，在格蒂埃（Cordier）家族手中，两家酒庄合二为一。后来，这份出色的产业引起了阿尔卡特－阿尔斯通集团的巨大兴趣，他们在1993年9月购买了酒庄。3年多以后，这家工业集团的老板不胜其烦，决定脱手了事；当然了，在过去的3年间，他们曾投巨资改造酒庄设备，并将酒庄的重大工程委托给艺术大师进行设计，其中包括著名的建筑师马希尔。

1997年春天，这个以“国王之酒、酒中之王”为酒标铭文的产业被转手给了法国的家族企业太阳葡萄酒公司（Bernard Taillan Vins），新任庄主让·麦尔洛（Jean Merlaut）开始负责维护酒庄的利益。这个充满激情的男子，从孩提时期起就在梅多克生活，在安静平和的哲学里浸淫半个多世纪。他非常适应各个时代的不同周期节奏，适应气候的偶然性与市场的变幻莫

P105：宽敞的地下酒窖，拱柱林立，让人想起古代的地下教堂。

测。他解释说："在我们这个地区，要先种树，然后种粮食，让土质重归平衡，最后才是种葡萄；也就是说，人应该习惯于以长远的眼光进行思考，要考虑周期性，虽然周期有时来得很慢……"

从格蒂埃家族时期起，保力（Pauli）先生就是酒庄的技术负责人，在对土地的看法上，他与新庄主麦尔洛完全一致。麦尔洛先生解释说："风土不是一个消极的东西。在不同情况下，我们有时可以让它变得贫瘠，有时变得肥沃。它是有生命的，我们要陪伴它一生……"庄主的话一语中的。这个男人性格温和，面带和蔼可亲的笑容——我们经常在一些大人物面前感受到的那种和蔼可亲。当然，他同时又审慎地补充道："我不愿意让人说'这款酒里有麦尔洛的痕迹'，恰恰相反，我觉得，酿酒成功的秘诀就在于，要把自己从葡萄后面抹去。"他进一步总结说："我们在葡萄本身上面花费了大量精力。"

在发酵车间，我们的向导亲切地同干活的员工们打着招呼。他比较喜欢水泥发酵池，因为它对热度不敏感，可以对发酵过程中的突发因素起到缓和作用。在有着漂亮拱形窖室的酒窖里，麦尔洛先生特别强调制作橡木桶用的橡木出自哪里。"和葡萄一样，橡木的产地也有风土问题。土壤的质量对橡木桶最终的味道有非常大的影响。我们对这方面也很注意。"

然而，在麦尔洛这位人文主义者的眼里，最优先考虑的还是人的因素。"酿酒是个沟通交流的职业。重要的是，要让整个团队分享激情。我们在这方面非常有经验，把个人动机与一系列自控制度结合起来，这有利于每个人的积极参与，同时又能分担责任。我们当然可以说，风土是一切之源；但从更长远的观点来看，最重要的是人。酒的品质直接取决于人的良好意愿。"

P106：在瞭望塔楼的旁边，是路易十六时期的新古典主义风格的城堡建筑（左图）。堡内雅致的客厅（右上图），表现出主人的兴趣广泛。酒庄宽敞的酒窖和宏伟的建筑（中图和下图）。

拉斯贡酒庄

CHÂTEAU LASCOMBES

玛歌 Margaux

拉斯贡酒庄正处于时代之交、世纪之交。对这个昨天仍在沉寂昏睡的酒庄而言，夸耀它曾经有过的辉煌似乎太迟；而对酒庄为重返辉煌而正在进行的巨大努力，如果现在就赞赏有加，又似乎太早。唯一可以确定的是，拉斯贡酒庄正处于浴火重生的阶段：它正努力重返第一军团。

酒庄位于玛歌产区最好的地块上。自17世纪拉斯贡骑士创建酒庄以来，这片出色的葡萄园曾在很多年份出产过令人赞叹的美酒。在1938年的一份酒业报刊上，我们可以读到如下评论："拉斯贡酒以高品质著名，堪与玛歌庄相媲美。"因此，在1855年的著名排行榜上，拉斯贡酒庄被列为二级，一点也不奇怪。这个排行榜公布的12年后，在波尔多律师公会会长埃斯唐日先生的推动下，酒庄的城堡修建起来，并被画在酒标上作为装饰。

在此后很长时间，酒庄成功地保持住了自己在梅多克军团中的领先位置。它的排名、地位和声誉终于引起了一位大人物的注意，此人就是亚里希斯·李奇（Alexis Lichine）。这位大人物没费多长时间就说服了他在美国的许多有钱的朋友（其中包括洛克菲勒）帮助他买下酒庄。我们随后看到，这款伟大的酒如何成为了美国人的"必需品"。在美国，拉斯贡酒庄的声誉在20世纪50年代，特别是60年代，达到了顶峰。从1971年起，酒庄开始走下坡路：英国啤酒商巴斯·查林顿公司在这一年接手酒庄，新任庄主难以理解这款庄园酒的精妙所在，于是，酒庄开始追求产量，一种致命的错误追求。1986年，酒庄又建起了一个有着30多个温控发酵罐的大型发酵车间，成为葡萄酒旅游的参观景点……如此，不一而足。

P109：酒庄的陈酿酒窖，在未来派风格的光影之中，开启了酒庄建筑的新时代。

2001年4月，美国投资基金“科洛尼资本（Colony Capital）”接手并拥有了这个睡美人酒庄……随后进行了一系列大规模的改造：84公顷葡萄田被重新规划，几座超现代化的窖舍在几个月内拔地而起，酒窖成为当地最宏大壮观的酒窖之一。在酿酒大师罗兰（Michel Rolland）的指导下，酒庄重新获得了前进动力。罗兰对媒体宣布说：“我绝不会偏离玛歌酒的风格，我只想做出一款伟大的玛歌酒。”万事俱备，但结果来得没这么快……让我们耐心等待！

有耐心，是酒庄新团队的一大特点，当然，这个团队还具备严谨和创新精神。凭借酒庄300多年的传统和新近得到的巨资投入，酒庄董事长巴赞（Bazin）、总经理贝富瓦（Befve）、质量负责人巴尔布（Barboux）等人，很快就让酒庄年产25万瓶酒，重归玛歌名酒的行列。酒界专家们没有搞错，媒体也没有，自2001年起，拉斯贡酒庄重返巅峰：在拉斯贡酒里，我们又重新感受到了细腻、柔顺和浓郁—玛歌酒的标志性特征。

P110：葡萄园中的美丽城堡（右图），就像本堂神父的旧宅子。堡内正在重新装修的客厅（左中图）和墙上的艺术品（左下图）。酒庄进口的铁艺栅栏门（左下图），其铁艺图案被画在酒标上（左上图）—这是一款1932年份的老酒。

帕讷－冈特纳酒庄

CHÂTEAU BRANE–CANTENAC

玛歌 Margaux

七月王朝时期（指法国1830－1848年间。－译者注），德·帕讷男爵（Baron Hector de Brane）曾是梅多克地区最活跃的葡萄庄主之一。当时，梅多克人都用“帕讷男爵家开始滗酒了”这句话，来形容春暖花开、幸福时节的到来。更有甚者，当时的酒界同行们还尊称他为“酒界拿破仑”！正是这位人物，竟然自愿放弃了木桐产业——未来的木桐酒庄，以便全身心地投入高斯酒庄（Gorce）。由此可见，在1833年时，这片葡萄园的名声何其显赫。5年以后，男爵对业内报刊声称：“‘高斯’这个名字在波尔多和国外都很出名，但我的‘帕讷’名头也不逊于它呀。无论如何，不管对错，我都更相信我自己的名头，我希望你们帮我，用‘帕讷－冈特纳’这个新庄名逐渐替代‘高斯’。”

在1855年分级表上，一个辉煌的庄名就这样诞生了，而且，还堂堂正正地名列二级。第二帝国末期，贝尔热家族接手酒庄，他们对酒庄进行了扩大和修缮。酒庄得天独厚的“风土”（来自加龙河的冰川期砾石所构成的圆丘坡地）得到了很好的开发。在20世纪初期，帕讷－冈特纳庄的酒价达到了巅峰，与波尔多顶级酒比肩……

在波尔多历史上，第一次世界大战对酒庄转让起到了巨大的推动作用，帕讷－冈特纳酒庄如今的主人就是明证。一战结束后，很多酒庄易主，帕讷－冈特纳庄亦如此。1922年，雷卡佩和他的女婿弗朗索瓦·卢顿（Francois Lurton）买下了酒庄，他们当时还是玛歌庄的主要股东之一。

1956年，即大霜冻的那年，吕西安·卢顿（Lucien Lurton）继承了酒庄……历史惯例，大灾过后必有后福：大灾给予了梅多克一个重新起步的机会。吕西安·卢顿也自然借此机会将帕讷－冈特纳庄

P112：酒庄自80年代初起进行了一系列的修葺和现代化改造，要专写一本书才能叙述这一切。从酒庄的新办公室（左图）能对此管窥一斑。

打造成了无敌舰队的旗舰，旗下包括杜夫－维旺酒庄（Château Durfort-Vivens）和戴斯米哈酒庄（Château Desmirail）等。吕西安和其弟弟安德烈一起，他们打理酒庄的时代，成为“黄金三十年”（指西方1945－1974年间的经济繁荣期。－译者注）的真实写照。但别忘了，正如吕西安之子亨利（Henri，他在1992年接手酒庄）所指出的那样，当初，在50年代中期接手帕纳－冈特纳酒庄时，并没看出有什么好处。

在今天的酒庄经营中，亨利非常重视的一个方面就是葡萄树本身。对土壤的深入研究，使得酒庄团队对庄内每个小地块都有着深刻了解，并知道如何善加利用。至于酿酒工艺方面，虽然酒庄很重视创新，但这终究是第二位的。在如今的酒庄管理者眼中，尤其重要的是，技术不能高于“风土”。亨利·卢顿字斟句酌地说：“确实，我们要尽可能地酿出好酒，但首要应立足于提供原材料的风土。”

正因如此，我们丝毫不感到奇怪的是，帕讷－冈特纳酒成为了如今为数不多的风格典雅的名酒之一，这种风格正是玛歌产区葡萄酒的一大优点。当酒庄的主人们懂得了尊重土地，懂得了土地能给予葡萄酒以纯净和简朴，他们就必然无愧于“酒界拿破仑”在昔日所做出的抉择。

P115：摄影师的抓拍让这个橡木桶酒窖散发出的一种魔力（左图）。酒庄其余部分没有这么神秘，如酒庄房舍漂亮的石条门（上图）和矗立在葡萄田中央的酒庄建筑（右上图）。

碧尚－龙维酒庄

CHÂTEAU PICHON-LONGUEVILLE

波雅克 Pauillac

19世纪中叶，当龙维男爵（Baron de Longueville）把他的庄园分给其众多儿女时，儿子们的那部分相当于总面积的五分之二；这差不多就是如今的碧尚－龙维庄园。在此后相当长的一段时间里，这里出产的酒在二级酒庄中一直名列前茅。

在最近的100多年中，酒庄有些走下坡路。直到20世纪80年代左右，这艘有点偏航的巨轮还在等待一位能带领大家修船补漏、脱离浅滩的船长。换句话说，它在寻找一位能使其重返辉煌的投资者。法国安盛保险集团（AXA）扮演了这一神奇的角色，而碧尚－龙维酒庄也因此成为这家保险公司众多资产中的一朵奇葩。

任何制度变迁都会在一草一木间留下痕迹。对碧尚－龙维酒庄来说，旧貌换新颜的时刻来临了——这当然不会损毁酒庄过去遗留下来的宝藏。1986年，酒庄发起了一场设计竞赛，拟在庄内修建新的工作区。这场竞赛是在法国蓬皮杜国立艺术中心的主持下进行的。竞赛的胜出者在其设计方案中兼顾了伟大与简约，既体现出设计师的大胆，又表现出对酒庄文化遗产的高度尊重。根据其设计方案，重修后的酒庄保持了其完整性；新建部分宛如年代不远的珍宝，被不加切削地镶嵌在一个超现代化的底座上，这个底座旨在烘托出珍宝的价值，而不使其黯然失色。

新的建筑诞生了。这是一个水平式的建筑，半隐地下，其流线造型的灵感来自古代埃及，水流环绕，其装饰如歌剧《魔笛》一般。这里将成为酒庄的百宝匣。其外墙设计风格取自古埃及陵寝，墙内巧妙地隐藏着通道、酒窖、商店，当然还有石柱拱卫的圆形发酵车间，这些都很好地满足了酒庄招标文件中所提出

P117：庭院中央的长方形水池，酒庄文艺复兴风格的建筑倒映其中。

的设计要求……

对这一伟大的装饰性建筑，支持派和反对派泾渭分明；但这有什么重要呢！最主要的是，我们从中看得了设计者们审慎而和谐的努力，这是一曲由法美两国设计师共同演绎的二重奏：法国人让·德·嘉斯蒂、美国人帕德里克·狄龙。

两位设计师的哲学理念与酒庄经理塞利（Christian Seely）的想法不谋而合。这位谨慎而沉稳的先生一直认为，自己不过是这份人类遗产的临时托管人，“这份遗产先于我们存在，并将长存于我们身后。”为此，在故事的主角面前，他心甘情愿地把自己抹去。在他眼里，只有“风土”才是故事的主角。他不断重复道：“一款庄园酒的伟大，来自于它的土地。我们的责任就是，让土地完全表现出来，而不是破坏它。”

对风土的尊重，在这里高于一切。尊重环境、尊重果实、尊重时间，碧尚酒庄的团队自豪地向我展示了他们获得的环保证书——这是本地区的第一本环保证书；只是，在他们眼里，这本证书，与其说是对他们长期重视环保的奖励，毋宁说是褒奖他们对有生命的葡萄园的关爱和呵护。

P118：圆形发酵车间（左图）、古埃及风格的建筑来自于法美两国设计师的大胆设计（右图）。

碧尚龙维，拉朗德伯爵夫人酒庄

CHÂTEAU PICHON LONGUEVILLE COMTESSE DE LALANDE

波雅克 Pauillac

波尔多列级酒庄的圈子是个男人的世界，而拉朗德伯爵夫人酒庄则给它带来一抹其所欠缺的女性光彩。这里的一切都在讲述着女人的故事：优雅的花园，栽满了月桂、蔷薇和柏树等名贵树种；线条优美的城堡，设计灵感取自于拉朗德家族在波尔多市内的宾馆；堡内诸多优雅迷人的客厅一间间相互连通，或为白色，或为粉红色；客厅墙上用来装饰的浪漫派画作，出自家族某位前辈才女的神来之笔，跌宕起伏的风景画与安详的家族肖像画交替出现……正是女性，做出了这款二级名酒；当然，女性把这款酒做得有点特别。

1694年，德·侯赞的女儿嫁给了某位名叫碧尚的龙维男爵，酒庄因此得名。但我们不能就此认为这位夫人有多么重要。事实上，酒庄真正的奠基者是位先生：约瑟夫男爵，正是他的严格要求才创造了奇迹。他是个长寿的老人，1850年去世时享年百岁，他将这份产业全部分给了他的儿女们——五分之二给两个儿子、五分之三给三个女儿。其中，最年轻、也最有活力的女儿维吉妮，即以后的拉朗德伯爵夫人。后来，她买下了两位姐姐的份额，终于创建了另一个碧尚酒庄，一个与男爵的酒庄完全分开、属于自己的庄园。

多么令人惊叹的伯爵夫人！这个新酒庄之所以能够在1855年排行榜上名列前茅，完全归功于这位有头脑的夫人，归功于她坚持不懈的努力。从1850年到1882年，她尽心竭力地把酒庄推向了巅峰。她宣称说：“我希望，在我之后，它是一款令人难忘的酒。”当然，也会是一款伟大的酒……事实上，这位夫人在当地就如同女王一般，她给酒庄打下了不可磨灭的印记：在她身后，酒庄一直保持着原貌，人们甚至连家具都没想换过！

P121：灵感取自于拉朗德家族在波尔多开始的旅馆，酒庄带旋梯的中塔令人惊叹。

从姨母到侄女，拉朗德伯爵夫人酒庄世代相传，直到1920年代的经济危机：酒庄在此时被米埃赫兄弟（Miaihe）购得。酒庄是否就此落入了男人之手呢？这段时间并不长，因为让酒庄焕发今日容光的人还是一位女性——充满活力和闯劲的德·兰克松女士（May-Eliane de Lencquesaing）。她的父亲是酒庄1925年的买主之一，而她则从1978年起就开始执掌酒庄。这位米埃赫家族的女继承人是个引人注目并讨人喜欢的女人。身为将军夫人的她，一直坚持不懈地维护着酒庄的利益……她笑着问到："站在酒庄的大平台上一眼望去，那个景观你见过吗？"她的小狗查理在一旁欢快地叫着，此时，她开始向你一一细数酒庄近20年来有多少重大投资……

朋友们从世界各地涌向这里，她需要接待很多人的到访。她讲着两种语言，微笑着迎接来自新奥尔良或香港的游客，设宴款待来自韩国或菲律宾的客商，这位堪比已故伯爵夫人的女士非常喜欢这种外交官式的生活，累并快乐着。她还写过一篇小说，题目是《酒曰，我是有生命的》。与侄子一起，她试图探索出一种方法，能让人感受到葡萄酒是如何拉近人与上帝的距离……在此期间，他们还一起组织了一场精彩的当代玻璃器皿展，就在酒庄的展览馆内。这个展览馆是在她的推动下修建的，专门用来展示历史上各个时期的玻璃艺术。透明、大胆、易碎。

P123：充满女性魅力的客厅（右上图）和玻璃艺术品（左图和中图）。

从酒庄平台上，远看拉图庄（下图）。

杜克－宝嘉佑酒庄

CHÂTEAU DUCRU–BEAUCAILLOU

圣于连 Saint–Julien

在这里，平衡主宰一切。“纯净、严谨、超越自我”，酒庄宣传手册上的这些词，对在这里工作的人们来说，都不值一提：他们时刻保持着一种发自内心、高度紧张的工作状态。酒庄的位置很特别，介于贝契维村的云雾与吉伦特河床的冲积层之间，在一个满是大块砾石的圆丘上，这种砾石非常有利于葡萄的成熟。

酒庄的平台是波尔多当地的一处胜景。这里位于圣于连高地的边缘，从这里一眼望去，可以居高俯瞰吉伦特河；向更远处的出海口望去，透过一片沼泽和古老的树林，蓝色的海水在地平线上波光粼粼，令人心旷神怡，好一番美丽的景致。

酒庄的名字看上去很奇怪，但实际上很有道理。“美丽的石头”（Beaucaillou“宝嘉佑”，在法语里意指“美丽的石头”。－译者注）是指酒庄的老葡萄树（酒庄平均树龄40年）下随处可见的卵石，它们大小相同，或平、或圆，散布在葡萄田中。当地的人们把这种漂亮透明的石头俗称为“养路工的糖果”……至于“杜克（Ducru）”，则是一个家族的名字，这个家族在18世纪末“督政府”时期买下了这座以卵石著称的酒庄，从此，他们凭海临风，全身心地投入到这片美丽的葡萄园中。

从那时起，这里的人们就致力于从这片土地的深处提炼出梅多克名酒的精髓，他们希望把它做成一种典范，赢得“最完美的波尔多酒”的美誉。著名酒商约翰斯顿家族（Johnston）在酒庄经营上不遗余力。如果说这款酒既可口又有劲道，既圆润又丰腴，同时又口感新鲜，这些都首先要归功于其酿酒技能。

也正是多亏了约翰斯顿家族，酒庄在19世纪初波旁王朝复辟时期修建起了一座风格典雅的城堡：对称的塔楼分立两边，是浪漫派风格的维多利亚式方塔。它令人想起法国北部度假胜地费里耶尔镇的奢华排

P125：中央大客厅仍保持着19世纪的壁毯和细木护墙板。

CHATEAU

场……根据建筑师特里欧的设计，新建的酒窖，半隐地下，上面杂草丛生的斜坡成为精心修剪的草坪，这座历史辉煌的酒庄被装饰得简约而朴实无华……

酒庄今天的主人是布鲁诺·波力（Bruno Borie）。作为家族的第四代传人，他继承了家族淡泊、坚韧的性格。他清楚地知道，他不能有丝毫懈怠——他也很适应这种工作方式。执掌酒庄后不久，他就立志为家族大厦添砖加瓦，尽职尽责，信守承诺，就像一个准备走上疆场的战士。

他喜欢一种模棱两可的表达方式，但在他不乏幽默的话语中，我们仍能模糊地察觉出一丝英伦痕迹。他佩服英国人能把世界上所有的精致考究汇聚在一起，他甚至略带羡慕地声称："名酒只有在帕尔街（伦敦市内的一条街，以遍布高档俱乐部著称。－译者注）的俱乐部里才是最好的。"他深受英伦文学熏陶，希望自己的美酒能继承优秀传统，保持卓越与活力。他说道："鉴于自然周期的存在，在梅多克，我们要为下一代劳作。一位酒农，临退休的时候，他会兴奋地种下一株葡萄树，希望在10或15年后给下一代留下美好的果实！"

的确，他们正在为下一代工作，但波力先生和他周围的人更愿意把自己比喻为"助产师"，负责发掘潜力，确保酒质。他进一步解释道："1855年分级，只反映出你有能力酿出好酒，而我们，要把酒做到极致！"他们的"助产术"确实令人敬佩，无论出现何种状况，他们都力求让新生命处于最理想状态……

酒庄平台下，树影婆娑……置身此间，人们能感受到酒庄为了在名酒竞争中保持领先而做出的巨大努力，这似乎更加印证了一种规律：要寻找最精致之物，往往不在顶端，而在中间；酒的完美，只能来自于严谨与精确。这才是和谐平衡之道。

P126：酒窖（左图）隐藏在大胆的设计风格之下（下图），位于酒庄古堡（上图）旁边。酒标上的古堡图案（中图）。

科·埃斯图耐尔酒庄

CHÂTEAU COS D'ESTOURNEL

圣爱斯泰夫 Saint-Estèphe

"向前走，一直走到大象那里，栅栏门会自己打开。"电影《美女与野兽》里的这句开场白，对到访这座梅多克酒庄的客人们来说，让他们瞬间感到自己置身于印度的异国风情之中。庄内成排的棕榈树、殖民地风格的蓝釉瓷砖、在非洲桑给巴尔雕刻的高大门扇，尤其是城堡屋顶的尖塔，都进一步强化了这种异域风光，魅力无穷。这样一个酒庄出现在此地，确实令人惊奇。在湛蓝的天空下，它越发显得美丽；而实际上，在天光灰暗时，它也别有一番景致：这时，它会显得更加棱角分明，或许更令人激动……它会令人感叹曰：科·埃斯图耐尔酒庄是一种东方式的疯狂，唯伟大酒庄才有的疯狂！著名作家司汤达（小说《红与黑》的作者。－译者注）曾一时疏忽地记述道："这真令人开心，应该是中国风格吧。"

梅多克当地的著名诗人毕亚内茨曾为酒庄赋诗如下：

葡萄坡上群塔如峰，
座座指向东方天空，
恍如置身印度美景
此为埃斯图耐尔宫。

这座特色酒庄的第一位主人名叫路易－卡斯帕尔·德·埃斯图耐尔，他生活在法国七月王朝时期（1830－1848年。－译者注）。作为一名血统高贵的纨绔子弟，他不仅具有为后人所惊诧的奇特艺术才华，而且还酷爱旅行和异国他乡的感觉。他在小山坡上建起的这座能远眺拉斐庄的城堡，当初并没有马上得到世人的认可；但今天看来，它却给酒庄带来一种超越地域的荣耀。

应该说，从美学角度，在一战后接手酒庄的帕特家族（Prats）对前辈的建筑杰作没有丝毫抱怨。送

P129：品酒厅，透出美感与精致。

DESTOURNEL
COS

给游客的酒庄介绍手册本身，就像一件内容丰富的礼物。这是一个摩洛哥风格的红色活页纸夹，饰以小金属片，折页闪亮，翻叠自如，纸夹内放有多个解说册页，配以酒标图案和介绍酒庄历史沿革的水彩画、黑白或彩色照片等，当然，还配有一册酒农肖像，以及一份以印度王公肖像为主的册页……

视觉的盛宴在庄内延续，结构紧凑，充满魅力：酒窖内排满金黄色橡木桶，在黑色背景下熠熠生辉，就如同“博物馆”，堪与世上任何博物馆媲美——这些都透出让－玛力·帕特（Jean-Marie Prats）的风格。酒庄有一款丝巾，画着有关王公贵族的图案，让人几乎以为他们才是酒庄的主人：这款圣爱斯泰夫名酒、1855年的二级酒，从那时起，频繁出现在拿破仑三世、维多利亚女王和俄国沙皇的餐桌上，至今不乏拥趸。

几十年来，让－玛力的弟弟布鲁诺一直负责保持和提高酒的品质，力求平衡与和谐，又不失异国情调，它单宁适度，具有水果、香料和巧克力的香气。此后，在世纪之交时，帕特家族终于将酒庄转手；但新任庄主米歇尔·雷比埃（Michel Reybier）却把酒庄经营交给了另一位帕特先生——让－吉约姆……帕特（Jean-Guillaume Prats），他继续着父辈们留下的事业。当地谚语有云：龙生龙，凤生凤，血统纯正至关重要，家族的后人会始终忠实于这片伟大的风土。“永远忠诚”，不正是酒庄的座右铭吗？

P130：酒窖（左图）隐藏在大胆的设计风格之下（下图），位于酒庄古堡（上图）旁边。酒标上的古堡图案（中图）。

玫瑰山酒庄

CHÂTEAU MONTROSE

圣爱斯泰夫 Saint-Estèphe

为什么叫这个名字？这个金属旗杆来自何方？房檐下的街牌是干什么用的？一踏进酒庄，这一个个问题就会接踵而至，而酒庄主人让-路易·沙墨吕（Jean-Louis Charmolüe）很乐意回答这些问题。玫瑰山的名字：很久以前，这个山丘上长满了一种叫帚石楠丛的野生植物，看上去像葡萄酒的紫红色。正如意大利谚语所云："不真的，就是好的……"山顶上矗立着一座缩小版的艾菲尔铁塔，如今用来悬挂国旗，在当年葡萄根瘤芽虫害肆虐时期，它曾用于风力发动机，用来带动水泵。至于街牌，沙墨吕先生是最有资格解答的人，因为这些街牌就是他安装的！他希望这些街牌能清晰标明庄内方位。因为酒庄里有许多小巷、小广场、酒农居家的街道和小作坊，俨然就是一个村落。这些蓝底白字的街牌，每个都冠以酒庄历史上某位杰出庄主的姓名：按历史顺序，从杜穆兰家族开始。

路易十六时期，杜穆兰家族从著名的西古侯爵手中买下了这份产业，并在19世纪初的王朝复辟时期修建起了一座漂亮的新古典主义风格的城堡。他们还在这片土地上遍种葡萄树，并从中酿出了一款在1855年名列二级的美酒。在第二帝国末期，来自阿尔萨斯的多尔夫家族接手了这个前途无量的酒庄，并在技术设备方面多有投入。此后，酒庄几经易手，在20世纪初归于沙墨吕家族名下，并延续一个多世纪。

伟大的庄园主沙墨吕家族，是一个来自法国北部贡比涅地区的商贾世家。他们严谨、守纪律，注重平衡，使酒庄变得更加辉煌。现在的庄主让-路易是这个玫瑰山王朝创始人的孙子；当年他接手时，情形十分困难，堪比维多利亚女王登基之时。他自1960年起就参与酒庄管理，1977年起独掌酒庄。在这里，每一个决定都要小心翼翼，需要考虑土地和葡萄的周期、延续性、轮作等……

P133：像瞭望塔，朝向半岛北端和出海口，结构又如同艾菲尔铁塔，它是酒庄诸多谜团之一。

葡萄田本身近70公顷，连成一片，许多地块都是方方正正的，有笔直的田间道穿过，其一大优势在于：邻近出海口的地理位置，使酒庄能有效躲避冰冻灾害。像拉图酒庄一样，这里的土地富含硅质和砂砾，几乎是最理想的葡萄风土，而且位于面向河流的山坡上；此外，和拉图庄一样，其葡萄种植是南北走向，有利于葡萄获取充足的日照。

沙墨吕家族在土地方面很保守，出于怀旧心理，他们仍在使用旧的马拉车，这让酒庄具有一丝昔日风采；但是，让－路易及其夫人对最新的科技创新并没有丝毫抵触。玫瑰山酒庄从不缺乏技术创新，尤其是酒庄全新的发酵车间（他们夫妇刚在那里为新设备剪彩），使玫瑰山成为当地拥有最尖端技术的酒庄之一，这也是酒庄着眼未来的坚实保证。因此，我们毫不惊讶地看到，玫瑰山酒以其无与伦比的酒质得到行家追捧，就连最挑剔的酒评家也将它评为列级翘楚。

P134：沙墨吕家族的徽记印在陈酿酒窖的尽头（右图）和玫瑰山的酒标上（上右图）。带廊柱的城堡透出一股高贵气息（上中图）。

CHATEAU MONTROSE

麒旺酒庄 Château Kirwan

迪桑酒庄 Château d'Issan

拉刚日酒庄 Château Lagrange

朗歌·巴顿酒庄 Château Langoa Barton

吉事客酒庄 Château Giscours

马莱斯科·圣埃克苏佩里酒庄 Château Malescot Saint-Exupéry

波瓦-冈特纳酒庄 Château Boyd-Cantenac

冈特纳·布朗酒庄 Château Cantenac Brown

帕梅尔酒庄 Château Palmer

拉·拉贡酒庄 Château La Lagune

戴斯米哈酒庄 Château Desmirail

加隆·西古酒庄 Château Calon Ségur

费里埃酒庄 Château Ferrière

阿莱斯姆·贝克侯爵酒庄 Château Marquis d'Alesme Becker

麒旺酒庄

CHÂTEAU KIRWAN

玛歌 Margaux

当娜塔丽·席勒（Nathalie Schyler）说起童年时的葡萄采收，怀旧之情溢于言表。在她的叙述中，我们仿佛看到：老马拖着沉重的步履，马车上装满了熟透的葡萄，一帮西班牙短工又唱又笑，晚上得赶紧给他们找个住处，此情此景，仿佛昨日重现……当年，酒庄里还有个奶牛棚，自产牛奶。如今，一升牛奶比一瓶葡萄酒还贵！因此，奶牛和马匹都被放归草场，好一曲田园牧歌……虽然已有些模糊，但这些美好记忆都被保留了下来；同时保留下来的，还有席勒家三个孩子酿造美酒的心愿，这个心愿从来未曾改变。

从很早时候起，席勒家族就一直在此居住，尤其是气候好的季节。从住进这里的第一刻起，他们就让时光在这座田园般的城堡里凝固了。美丽的花园被修剪维护得像个奇迹，新修的花棚仿佛是为另一个年代而设计。长廊上爬满了蔷薇枝叶，令人回忆起孩提时的幸福时光，带着面纱草帽、荡着秋千……

现代化之风也同样吹到了麒旺酒庄。经过一系列全方位的改造，酒庄拥有了最尖端的酿酒科技设备；酒庄既往的经验也为新的投资指明了方向，并对酒庄的技术进步起到了巨大作用。当然，这些并不意味着，酒庄的新一代传人会放弃其传统特色。正因如此，如今的酒庄仍有十分之一的地块用来种植敏感易变的小维多葡萄。娜塔丽对此解释说：“这是我父亲的喜好之一，是他的个人风格。而且，在某些年份，这个葡萄品种也让我们的酒更为出色……”

应该说，麒旺酒庄的葡萄园有着得天独厚的地理位置：面积35公顷，几乎与1855年时相同，其核心地块高于冈特纳高地20多米，是块上选之地。它保证了麒旺酒庄，作为三级酒庄的第一名，具有优雅而圆润的酒质。这是玛歌名酒的一大特征，也正是世界各地的酒迷们所赞赏和追求的。

P139：为了欢迎参观者，古老酒窖旧貌换新颜。

正是多亏了席勒家族，酒庄的名声才远播海外。波尔多酒商施罗德&席勒公司成立于1739年，从那时起，面向世界就成为席勒家族和麒旺酒庄的第二天性。直至今天，在家庭聚餐时，他们还说着多种语言；他们和丹麦王国一直保持着密切联系，并曾接待过玛格丽特二世女王的私人访问；此外，他们还世代相传地担任着丹麦王国驻波尔多的总领事……

余下的事，就是慷慨和好客了。一段时间以来，麒旺酒庄对旅游者开放——好奇的游客们都渴望了解玛歌产区名庄的秘密。席勒家族对旅游者热情接待，并自豪地引领他们参观庄内的各个角落。在酒庄主人的精心维护下，这里的每个细节都赏心悦目，力求给游客留下深刻印象。酿出这等好酒的地方难道不神秘吗？古人云："好只能来自于美……"置身于此，到访的客人们会感受到美与好的结合。

P140：家族漂亮的城堡（上图），大门和蔷薇花走廊（中图），以及堡内梅多克风格的客厅（左图）。

迪桑酒庄

CHÂTEAU D'ISSAN

玛歌 Margaux

一个不争的事实是：这款三级庄酒属于历史。早在阿奎坦的埃琳娜与亨利二世大婚时，喝的就是迪桑酒（阿奎坦地区位于法国西南部，1052年，阿奎坦女伯爵埃琳娜与亨利二世结婚。－译者注）；奥地利皇帝弗朗索瓦·约瑟夫曾下令将它摆上了哈布斯堡宫廷的餐桌……总之，迪桑酒的铭文"为了国王的餐桌和上帝的祭坛"，虽有些高傲，但绝非言过其实。对迪桑酒的"历史意义"，无人敢置疑。

这个美丽的酒庄确实属于伟大的文化遗产：从一开始，到访者就会被酒庄的围墙所震撼，它赋予了葡萄园一种神圣感，这在梅多克地区只有拉图庄才有。城堡本身是17世纪风格，它让酒庄又多了一处文化古迹。还有酒庄的老酒窖，窖顶如倒扣的船底，堪称这场梅多克音乐会的华彩乐章。

这一切与生俱来。尽管如此，对克鲁斯（Cruse）家族的新一代继承人来说，历史荣誉与家族遗产在某种意义上都是一种包袱；年轻的埃曼努尔（Emmanuel）自1998年起执掌酒庄以来，他清醒地认识到，对迪桑酒而言，上述二者都应该是第二位的。当然，事实上，迪桑酒在一段时期曾略有过誉之嫌："先天"的尊贵身份，曾多多少少帮助其掩盖了"瑕疵"。

要知道，埃曼努尔虽然姓"克鲁斯"，可他从来没有参与过这个波尔多酒商世家的批发业务。从一开始，他就立志要酿造伟大的酒，并全身心投入于此，力图家族酒庄的复兴。因此，我们发现，他更乐于谈论酒庄的技术设备，而非酒庄的古建筑。对他立志酿造极品美酒的满腔热情，我们有什么理由不相信呢？

迪桑酒庄的卓越出色，在某种程度上成了其现代化的羁绊。例如，当需要更新生产设备时，由于古建筑的不可更改性，人们不得不考虑在现有的建筑物

P143：当地不容错过的一处胜景，城堡倒映在护城河水中。

内，如何安置、修改和重新摆放，整个工作需要精心设计和小心进行，非常复杂……

埃曼努尔·克鲁斯很有勇气，一切从基础做起。与博赛诺先生一起，他们努力完善迪桑酒的每一个细节，最终酿出了这款经得起最挑剔品评的葡萄酒。他们赢得了这场赌注：全世界所有的著名酒评家，包括帕克（Parker）和博班特（Broadbent），都将迪桑酒评为最好的玛歌酒之一。在1999年6月号的《波尔多名酒世界》杂志里，我们可以读到如下文字："近年来，年轻的埃曼努尔·克鲁斯确保了迪桑酒的质量，我们向他表示祝贺。他的酒充满魅力，香气成熟，令人愉悦。"

如果您想讨迪桑庄主人高兴，有个建议：先说酒，后提酒庄围墙。然后您再去慢慢游览欣赏这个不容错过的酒庄—本地区最有魅力的酒庄之一。

P144：古老的门洞（左图）和鸽楼（上右图），让人几乎忘记酒庄还配有高效率的现代化设备（上左图）。

拉刚日酒庄

CHÂTEAU LAGRANGE

圣于连 Saint-Julien

拉刚日酒庄占地157公顷，其中，葡萄种植面积110多公顷。从一开始，它就是波尔多列级酒庄中的巨无霸。1855年时，酒庄面积曾达300多公顷，创本地纪录，因为其他酒庄通常小很多。而且，拉刚日酒庄一度就是个完整的村庄，有自己的面包店、学校和教堂，完全是一个私人村落。

这是一份古老的产业。它隶属于拉刚日·蒙代尔贵族世家，其中一部分是属于波尔多圣殿骑士团的封地。从中世纪起，这里出产的酒就非常著名，酒庄也因此声名远播，达官贵人纷纷来订酒，诸如西班牙国王波拿巴的财政部长卡巴鲁伯爵、法国国王路易－菲利普的内政部长杜沙特伯爵……

1925年，一个来自西班牙圣－塞巴斯蒂安地区的巴斯克家族－桑多亚家族，买下了拉刚日酒庄。当时，酒价低迷，这个家族购买酒庄的真实目的似乎是用这里的枞木去造纸！伤心年代……从失落到放弃，拉刚日酒庄的面积继续缩小；1983年，作为国际酒精饮料巨头之一的日本三得利集团（Suntory）终于接手酒庄，此时，拉刚日酒庄已骨瘦如柴。

更糟糕的是：酒庄最好的葡萄地块，几年前遭连根拔除后，竟没有重新栽种——酒庄失去了它的根基！一切都要从头再来、重新建立；值得庆幸的是，凭着“面积大”这张王牌，酒庄仍然前景可期。很显然，投资者立志让拉刚日庄具备与其“天生块头”相配的高品质。

在梅多克酒庄的舰队中，拉刚日酒庄无疑是最大的、也是最破旧的战舰。为了让这艘遇险的战舰驶入正轨，日本三得利集团持续稳定地投入巨资，令人赞赏。这个日本投资商立足长远，不看眼前，不计短期回报。在此后的10多年里，拉刚日酒庄一直处于亏损状态，直到1996年。

P147：清澈而开阔的一片水域，赋予酒庄一种适宜的浪漫气息。

三得利集团很有运气，他们派驻酒庄的代表最早发现了这一点，这就是：他们有幸聘用了一位性格坚强而能力出众的酒庄经理——马赛尔·杜卡斯（Marcel Ducasse）。作为酒界名教授佩诺先生的高足和竞争者，这位酒界天才不仅知道如何重新唤醒垂死的葡萄树，而且知道如何从中酿出美酒——一种有着列级庄灵魂的珍罕之酒。有个例子最能反映出杜卡斯的奇思妙想：他非常重视“小维多”这一变幻莫测的葡萄品种，并让它表现出了惹人喜爱的特点；在他调配的拉刚日酒中，“小维多”甚至占到了五分之一！

多年以来，三得利集团的日本人一直对杜卡斯信任有加，而这位经理人对其投资者也从不敷衍了事。像“日出之国”的祖先一样，他清醒地知道，只有一只脚踏住传统，另一只脚才能迈向技术进步。他的助手埃纳尔解释道：“在我们庄内，有些地方仍原汁原味地保留着100年前的工作方式；而另一些地方则相反，最近刚进行过全部更新；我所说的‘最近’，指的是最近15个月内……”

P148：阳台，瞭望塔……19世纪的装饰图案（上图），平添酒庄美景。

酒庄的鸿篇巨制是它的大酒窖，因为它是本地区产量最大的酒庄之一（右图）。

朗歌·巴顿酒庄

CHÂTEAU LANGOA BARTON

圣于连 Saint-Julien

安托尼·巴顿（Anthony Barton）举止间流露出一种慵懒的优雅，他对酒庄了如指掌。接待工作可谓尽善尽美。他看上去毫无保留，而且掌握一种如今已难得一见的谈话艺术：他会让你觉得自己老早就已熟悉这个地方，即使你实际上对酒庄一无所知或两小时前才刚有所了解。城堡内的装饰优雅而家庭化，有明显的爱尔兰古典主义风格；这与酒庄迎宾宴的氛围很协调，训练有素的侍者们，端着大银盘，轮番呈上美味佳肴。

在酒庄主人的脸上，你会很快察觉到一丝高贵的表情，在墙上挂着的300年来的家族肖像画中，这种表情随处可见；你禁不住向庄主指明这一点。庄主故作惊讶道："真的吗？你真的这样认为吗……"于是，主人轻描淡写地向你说起他的高贵血统和带有爱尔兰基因的坚韧性格，言语间似乎稍欠恭敬，但实际上，他对家族血统一直满怀敬意。

1930年，安托尼·巴顿生于爱尔兰奇达伯爵领地，确切地说，是斯塔弗宫——其高祖休·巴顿（Hugh Barton）在此前一个世纪所购买的城堡。休·巴顿是托马斯·巴顿的孙子，托马斯·巴顿1722年在波尔多创建了以自己名字命名的葡萄酒贸易公司，而休·巴顿则在1821年买下了朗歌酒庄。从那时起，葡萄种植与葡萄酒贸易，这两种业务就一直并存于巴顿家族，直至今日。这种现象非常罕见，值得一提。

起初，属于家族次子支系的安托尼并没有继承人的资格；只是由于他的叔叔罗纳德·巴顿晚年结婚并未得子嗣，安托尼才被选至"储位"。1983年，叔叔传给他两座酒庄——朗歌酒庄和里奥威酒庄。"正好在他去世前三年。"安托尼解释道。罗纳德叔叔是

P150：巴顿家族接待客人的城堡，从绘制这个彩釉盘的年代直到今天，几乎没有变化。

位杰出人物，既神秘，又达观。1924年，在完成英国伊顿公学和牛津大学的学业后，他来到波尔多……二战期间，他作为英国联络官，负责与法国抵抗运动联系，这使他不得不一度放弃家族酒庄和贸易公司的业务；1945年二战胜利后，他又重操旧业，并迸发出更多热情，他酿出了1948和1949这两款伟大的年份酒。

面对如此厚赠，当侄子安托尼向他表示感谢时，他回答说："你不应该感谢我，应该感谢先祖休。"他补充说："我只是葡萄园的看护人，我一直认为，我的职责就是要把这片葡萄园尽可能完美地传给我的继承人。"无疑，安托尼·巴顿会把这一原则坚持下去；自从儿子托马斯车祸遇难后，安托尼·巴顿就把继承酒庄的重任托付给了女儿丽莲（Lilian Barton-Sartorius）；她现在已着手打理贸易公司的业务，这是其父亲在1967年创办的。

在巴顿家族的酒庄里，一切都让人感到心情舒畅；在这里，你可以呼吸到最好的空气，纯净的、真实的空气……午宴在愉悦的气氛中结束，美酒似美妙的音乐仍在耳畔回响。你突然发现，这个迷人的城堡，不正是二级庄里奥威酒庄（Léoville Barton）的酒标图案吗？它现在怎么又属于朗歌这个三级酒庄呢？你疑惑自己究竟在哪儿，在里奥威酒庄？还是朗歌酒庄？其实，你不必自寻烦恼。凭着些许英格兰灵感，或更确切地说，爱尔兰灵感，你就会发现有个不会错的答案：这个梦幻般的酒庄应该叫"巴顿酒庄"。

P152：位于"葡萄酒之路"旁边的酒庄建筑物（上图），内设发酵车间，是圣于连产区最著名的木质发酵桶车间之一（右图）。

吉事客酒庄

CHÂTEAU GISCOURS

玛歌 Margaux

古老的酒窖有着一扇巴斯克式笨重的红色大门，透过门间缝隙，一缕阳光洒在酒窖的鹅卵石地面上……酒窖的土坯墙和年代不详的器具，都证明着这里的年代久远。波尔多城距此不过20公里，但酒庄的一切看上去却远离尘嚣。置身于此，人们恍如隔世。吉事客酒庄历经等待与辉煌。

在一轮又一轮的庄主更迭中，酒庄被一砖一瓦地修建起来。大约在1330年左右，实力强大的领主先在这里修筑起了一座要塞塔楼，而直到16世纪，这里才开始葡萄种植。稍晚时候，在1654年，为躲避投石党动乱（17世纪中叶在法国发生的反对专制王权的政治运动，暴动者以投石器对抗政府。－译者注），站在母后一方的年幼国王路易十四，在逃离巴黎出走外省期间，曾品尝吉事客酒并赞赏有加。其后，扫荡一切的法国大革命让这个风雨飘摇的酒庄频繁易主，直至1795年，酒庄从圣－西门家族手中被充公为国家财产。

此后，到1855年分级前，酒庄在七月王朝时期（1830至1848年。－译者注）还经历过冲击。直到第二帝国（指1852至1870年法国拿破仑三世统治时期。－译者注）初期，为接待去比亚里兹（法国西南部的海滨度假地。－译者注）度假路经此地的欧仁妮皇后，巴黎著名银行家白斯卡通伯爵接手酒庄并下令彻底重修城堡。此次大修不仅涉及城堡，酿酒工房也一并得到修建，在排列有序的房舍门楣上，从一开始就刻明了各自的功能—“酒窖”、“马厩”等等。

此后，直至近代，酒庄才被重新整修。1952年，当达利家族购得酒庄时，葡萄园几近荒芜，房舍也已年久失修，一派衰败景象。尼古拉·达利及其儿子皮埃尔从头开始，重新翻修，将酒庄修葺一新。尼古拉还令人挖掘了著名的人工湖，占地10多公顷。这不仅

155：酒庄僻静处的别墅，有着若杰斯玛夫妇喜欢的风格。

PARKING

成为酒庄景观之一，还有利于酒庄小气候的调节。

1994年，酒庄主人因自身的财务问题，被迫把酒庄转手给了新投资人，吉事客酒庄却因此幸运地走向复兴。作为新任庄主，荷兰实业家若杰斯玛（Eric Albada Jelgersma）确实对酒庄充满激情，全身心地呵护葡萄园、车间及城堡。在不到10年的时间，他投入巨资，对酒庄进行了大面积改造，这一切只为酒庄能重新起航。在如今的吉事客酒庄，僻静之处坐落着海滨别墅风格的屋舍，重新装修过的附属建筑内设有艺术风格浓郁的舒适客房，这些都反映出新庄主的审美。这位喜欢法国的荷兰人，还是五级庄杜·黛特酒庄（Château du Tertre）的主人。他深深爱着这片土地，并引领吉事客酒庄重新走向了辉煌，或者说，他让家族的事业起死回生，更确切地说：这是一种生存挑战。

P156：第二帝国时期设计风格的城堡（左图）是当地最大的城堡之一，屋顶上装饰着精心雕刻的徽章和兽首（中图）。

马莱斯科·圣埃克苏佩里酒庄

CHÂTEAU MALESCOT SAINT-EXUPÉRY

玛歌 Margaux

这家三级酒庄，以“永远追求更高”为座右铭，舍易从难，选择了一条律己求精的艰难之路；它以“圣埃克苏佩里”（法国20世纪著名作家，著有小说《小王子》。-译者注）为庄名，是因为身为作家的曾祖父在1827年买下了酒庄。关于纪律和约束，《小王子》和《要塞》的作者圣埃克苏佩里曾有过一段精辟论述：“约束可以使你得到解放，带给你唯一重要的自由。”伟大的自由，来自于对约束的超越。

让-卢克·祖瑞（Jean-Luc Zuger）是统治酒庄已有半个世纪的祖瑞家族的第三代传人。在他看来，梅多克名酒的巨大财富效应是最近才有的新现象。这个目光聪慧、留着渔夫式大胡子的年轻人仍然记得，在萧条的60年代，为了买一台彩电或洗衣机，要卖掉半公顷的好葡萄田……对那个饥荒年代，他一直记忆犹新。他清楚地知道，什么才是最重要的。“我全部投资于酒窖、设备和葡萄园”，他说道。他深刻认识到，一款酒的伟大是由一系列完美细节所构成的，为此，他要求他的团队务必认真遵守传统法度。在这里，发酵时间很长，因为在发酵前、发酵过程中和发酵后，要反复滗清葡萄汁。

这里是如今为数不多的、仍在坚守传统工艺的酒庄之一，主人路过车间时，在言语间流露出某种自豪：“双层发酵车间，是在我们这儿发明的，大家后来纷纷仿效。”此外，酒庄还有一个延续至今的独特习惯——本地几近唯一的特例：它从不把酒交给波尔多的酒商买卖，而是自己负责销售。酒庄自己单枪匹马地销售了30年，这进一步增强了酒庄主人的独立意识和抗衡现行制度的勇气。而且，在马莱斯科·圣埃克苏佩里酒庄，人们不相信过于流行时髦的东西：开

P159：这个家族酒庄的酒窖，未经修饰的真实情景。

1er août 1697.

Sachent tous presents

GEN. DE BORDEAUX

始时过度模仿，最终酿出的是“品酒专用酒”……这儿的人说：“酒是用来喝的，不是用来品的。”

在祖瑞看来，如今的酒市场挣扎在两个极端之间：一端是投机，一帮愚蠢的大款投资葡萄酒，就像投资明码标价的艺术品；另一端是缺乏等待多年的耐心，对一款伟大的酒，公众习惯在它年轻未成熟时就喝掉它，酒的香气和精华尚欠丰满。只有良好的饮酒习惯、教育和知识，才能使我们摆脱这两个极端的错误；但今天这个时代，说老实话，不太适合……

对于投机取巧和快酿易喝的时髦，这里的人们颇为不屑……这里要酿的是值得珍藏的酒，一种要在酒窖里长期储存并保持良好状态的酒。马莱斯科·圣埃克苏佩里酒庄的酒，在陈年后会有股“孢蒴气味”，这种气味，只有一级庄的木桐酒才有。这确实让新手感到惊奇，但对于极少数会喝酒的行家里手来说，这不啻为一个福音。

P161：美丽的城堡（上图）是酒庄辉煌历史的见证。老酒瓶（中图）、几乎完整无缺的酒庄档案（左图）—这非常罕见。

波瓦－冈特纳酒庄

CHÂTEAU BOYD-CANTENAC

玛歌 Margaux

波瓦－冈特纳酒庄的历史与几个著名人物有关。波尔多贵族波瓦先生在18世纪中叶以自己的名字命名了酒庄；"冈特纳"则是此地小村落的名字。后来，英国绅士路易斯－布朗接手了酒庄，作为当时的一名水彩画家，他给酒庄赋予了一抹亮丽的色彩；吉内斯特家族执掌酒庄时，波瓦－冈特纳酒庄就已很有名气并被评为列级酒庄，他们赋予了酒庄一种玛歌三级庄所必备的灵魂和光彩。

自1932年起，吉美家族（Guillemet）成为波瓦－冈特纳酒庄的主人，历经三代。其实，早在此前25年，吉美家族就已经购买了毗邻的宝爵酒庄（Château Pouget），接手酒庄时，波瓦－冈特纳酒庄已有些荒芜，属于二流酒庄，而且，波瓦－冈特纳酒庄在经历了一场恼人的分家解体后，变得既没有城堡，也没有酒窖。因此，时至今日，波瓦－冈特纳酒庄都一直借用宝爵酒庄的酒窖和设备进行酿酒，两家酒庄就像善良质朴的乡亲邻里一样。

在这片葡萄园，土质出色，葡萄品种经过精心挑选，这些都使得这款三级庄酒具有了一种难以模仿的香气。吕西安·吉美（Lucien Guillemet）小心翼翼地保持着这两家一流酒庄间的细微差异：在波瓦庄，他采用8%的品丽珠葡萄，通过其活泼可爱的特性来显示差异。宝爵庄的酒，富含单宁，酒体醇厚；波瓦－冈特纳庄的酒则是细腻柔顺，甚至略带甘甜，以接近如今的大众口味，当然，它对酒庄的传统个性还是蛮尊重的。

此外，吕西安·吉美不是那种迷信酿酒技术的庄主。他奉行一种自由哲学，他相信，一款伟大的酒来自于其自然天性。这种"真实"，正是波瓦－冈特纳酒庄的魅力所在，它也同样存在于宝爵庄；这种令人敬佩的朴实，使两家酒庄得以吸引大批内行成为其忠实客户，无论如何，这些人可是蒙不了的。

P163：迷人的房舍，侧面的显著位置上，饰有两个石刻花环，内中铭文已不详，为酒庄平添魅力。

CANTENAC
CLASSE

P164：一款伟大的酒，其魔力往往存在于某些细节之中。自上而下刻着字的酒塞（左图）、橡木桶的玻璃塞（上图和下图），象征着新一年的收成。

冈特纳・布朗酒庄

CHÂTEAU CANTENAC BROWN

玛歌 Margaux

何塞・桑芬斯（Jose Sanfins）屏住呼吸，凝神注视着面前摆在白色长条桌上的一排品酒杯。他不时地将几滴红宝石色的汁液倒入量杯中，小心翼翼地把这种珍贵的液体和另一份汁液调配在一起，然后又添加进第三种液体。他品味着，思考着，稍做加减，再品尝一番，他用鼻子嗅着，在嘴里咀嚼着，终于果断地放下酒杯，说道："我觉得，这次是最佳调配比例。"在经历了一年的风霜雨雪和辛苦劳作后，这是一个特殊时刻，决定一切的关键时刻。因为，与厨师不同，对一款伟大葡萄酒的创造者来说，在一年当中，他只有这一次机会来展示他的才华：即使失败，也无法补救。

自1989年起，何塞・桑芬斯就成为酒庄的技术负责人。他来自葡萄牙，热衷旅行，对异国他乡的风情风貌非常好奇。他见证了冈特纳・布朗酒庄的开放精神和现代化意识。他属于新一代的葡萄园主，与迪桑庄的克鲁斯、侯赞庄的克拉萨和玛歌庄的彭达列等诸多年轻经理人一道，他们重塑了玛歌产区葡萄酒。对这些年轻而高效的经理人来说，他们之间的竞争，没有丝毫勾心斗角，而是一种健康的、甚至是友善的竞争。他们超越前辈的恩怨，面对当今复杂多变的形势，共同在葡萄酒界树立起了一种乐观向上的理念。

1989年，拥有酒庄已满两年的法国南方保险公司与著名的安盛保险集团合并；这家略显颓势的三级酒庄因此归属于安盛集团，成为安盛酒业中仅次于碧尚－龙维酒庄（Château Pichon-Longueville）的著名品牌。冈特纳・布朗酒庄的酒迷们为此欢呼雀跃：在此后几年中，这款三级酒逐渐去除了其略显生硬的酒性——这一点曾长期备受指责，而代之以与其声誉相配的柔顺和平衡。今天，在酒庄经理塞利（Christian

P166：很多梅多克城堡堪称"宫殿"，这主要归因于其一以贯之的豪华。本图中，这一连贯性被胡乱摆放的家具所打断。

Seely）的大力推动下，酒庄在葡萄种植过程中非常注重环保。这一努力得到了褒奖，2002年，酒庄获得了著名的环保认证。剪枝、清除赘芽、疏苗、精心控制肥料，酒庄重拾其古老的工作传统，很多地块得到重新栽种。何塞·桑芬斯解释说："我们要让葡萄品种适应土地，这是一项长期的工作，我今天栽种的葡萄，要等到30年后才会好……"

就这样，酒庄重拾当年辉煌时期的工作方式和习惯；也许，这一复活会使酒庄在未来某一天又重归奢华、夜夜笙歌？别忘了，想当年，尤其是第二帝国时期（指1852至1870年法国拿破仑三世统治时期。－译者注），当时的庄主拉朗德先生，与波瓦－冈特纳酒庄的英国庄主一样，都是享乐主义者，他几乎每天晚上都在酒庄接待上流社会人士并大宴宾客，都铎王朝（英国王朝，1485至1603年。－译者注）风格的宽敞庄园，以其英伦风尚令来宾大开眼界。宾客的笑声和开心的聊天声远远地飘荡在葡萄园和梅多克的夜空中。

P168：酒庄城堡"老式时尚"风格的外立面（上图），显示在酒标上（中图）。19世纪末风格的客厅（下图）和现代化的发酵车间（中图）。超现代化的游泳池用于酒庄贵宾的娱乐活动（右图）。

帕梅尔酒庄

CHÂTEAU PALMER

玛歌 Margaux

“黑夜中的金色城堡”，这个酒标图案正是帕梅尔庄的形象：既有传统的典雅，又不乏现代特色。一方面，酒庄有着最高贵的传统，这一传统植根于其备受专家推崇的“风土”；另一方面，酒庄始终保持着一种探索和冒险精神，不断采用新工艺，酒庄城堡略显奇幻的建筑风格就象征着这种精神：尖顶圆塔，装饰夸张，只有仙女故事中才有的美丽城堡。酒庄葡萄田里种植的品种，一半梅洛葡萄，一半赤霞珠，这说明，酒庄在忠于传统的同时，也不乏大胆创新，而这一点，在玛歌产区少有名庄敢于尝试。

神秘的庄名和出色的土地，都归因于一位名叫“帕梅尔”的英国将军，他在1814年买下酒庄，并带它走向巅峰。当然，他的基础很好，因为，早在上个世纪，帕梅尔酒就已进入路易十五的宫廷并颇受好评……1853年，第二帝国的著名银行家佩雷里兄弟接手酒庄，帕梅尔庄进入鼎盛时期。两兄弟尽全力经营酒庄，就像经营他们庞大的铁路和贸易公司一样。他们把这款1855年的三级庄酒推广到各地，同时注意保留其既有的传统特性。帕梅尔庄一贯如此，既尊重传统，又兼顾现代性，这一辩证理念仿佛深藏在帕梅尔庄的基因里。

此后，一个由波尔多家族和英国荷兰家族所共同组成的财团接过了火炬，并继续保持着帕梅尔酒精妙的平衡，他们赋予了这款伟大的酒以细腻精致的特性，很好地表现出了其“风土”的伟大。

为了应对挑战，帕梅尔庄开始了一些重要的创新，例如圆锥底的温控不锈钢发酵罐。此外，酒庄还对整个葡萄园进行土壤学研究，以便更好地了解每个地块，从而发掘出土层下面的潜力，并对一些人们习以为常的现象进行解释，因为产生现象的原因一直是神秘莫测的。酒庄试图打破认知极限，对偶然性加以

P171：一个伟大酒庄的全部记忆，都浓缩在了像这样的酒窖里。

S 1981
S 1994
S 1985
S 1985
S 1979
S 1990
39 mgs
S 1977
20 mgs

控制，对这种“创世之想”，有些人大声反对；但对于那些理解赞赏帕梅尔庄精神及其胆略的人们来说，并不值得惊讶。

在病虫害和气象灾害肆虐的年代，由于无法控制和抵御灾害，人们对收成忧心忡忡，传统而激进的帕梅尔庄亦不能幸免。因此，这里的人们决意要深刻认知这片土地的特性：此前，大家虽然都夸赞这片土地，但除了漂亮话外，说不出子丑寅卯。通过研究，帕梅尔庄将会知道，为什么这片葡萄园能产生出如此伟大的葡萄酒？这一研究，将使酒界行家们继续为帕梅尔庄而惊奇、赞叹。

P172：酒庄的城堡（上图）位于玛歌产区内，周围酿酒用的房舍，虽然有些现代化设备，但仍保留着古色古香的魅力（右图，中图和下图）。

拉·拉贡酒庄

CHÂTEAU LA LAGUNE

上梅多克 Haut-Médoc

有些酒庄力求神秘，喜欢把自己隐藏起来，要找到它们，必须经历一番曲折艰辛、甚至拐弯抹角的跋涉；但拉·拉贡酒庄不是这样，恰恰相反，游人可以毫不费力地直接抵达这座宽敞而显眼的酒庄：一出波尔多市，踏上“梅多克酒庄之路”，遇到的第一家酒庄不就是拉·拉贡酒庄吗？酒庄的城堡显得简单而明亮；这是一座18世纪的漂亮建筑，具有朴素的新古典主义风格，其建筑师就是波尔多大剧院的设计者维克多·路易。

酒庄如今的主人全部来自香槟酒界，他们在这里被看作是外乡人。当年，酒庄最初的主人是阿雅拉香槟（Ayala）的董事长沙尤先生；其助手让-米歇尔·杜塞列（Jean-Michel Ducellier）在全力辅佐他20年后，终于接手了拉·拉贡酒庄；其后，杜塞列的儿子阿兰接掌帅印，并让这一列级酒庄重现昔日辉煌。其实，沙尤先生当初购买拉·拉贡酒庄时，看上去还是一场大胆的冒险。当时的标志性人物亚里希斯·李奇（Alexis Lichine，1913－1989，法国葡萄酒专家，曾打理多家列级酒庄。－译者注）评论道：“他简直疯了”，言语间毫不掩饰其敬佩之情。应该说，在过去的一段时间，酒庄曾经走下坡路，种植面积缩小，经营举步维艰。多亏了这些香槟人，酒庄才重获新生。

2000年，拉·拉贡酒庄进入了一个崭新的历史阶段，布丹先生（Thierry Budin，曾执掌酩悦香槟。－译者注）接手酒庄，在酿酒师费里（Caroline Frey）的辅佐下，他对酒庄进行了一系列的改造，并重修了酒窖，从此，酒庄历史翻开了新的篇章；但新篇章并没有全盘摒弃前人的传统，恰恰相反，近10年来，酒庄

P174：“枫丹白露”式的铁艺台阶，给这座小城堡平添了贵族气息。

慢慢地、认真地重拾传统。这不正是保证酒庄长久成功的秘诀吗?

在重修后的拉·拉贡酒庄，最壮观的无疑是其新建的红色发酵车间。我们想象一下，一个半圆形的大厅，两条能移动的长管，就像大钟的指针一样，以180度角连通着这些不锈钢发酵罐。这个酿酒人的梦想出自当地著名设计师巴乔先生的设计灵感。这些“高科技风格”的新设备，见证了当地的酿酒发展史：这个超现代化的、“风格前卫”的发酵车间，早在1961年就已启用，它以一种非传统的新方式，宣告了一个酿酒新时代的到来。

P176：第二帝国时期设计风格的城堡（左图）是当地最大的城堡之一，屋顶上装饰着精心雕刻的徽章和兽首（中图）。

戴斯米哈酒庄

CHÂTEAU DESMIRAIL

玛歌 Margaux

戴斯米哈庄的历史是个美丽的故事，有着每个故事所必备的偶然性。我们可以把这个故事从头到尾地讲述一遍，或者，把最后一章放到前面讲述似乎更合适。其实，在1855年评定三级的前100年，这座骄傲的玛歌名庄就已经以酒质典雅著称于世。在二战前夕，酒庄经历过一段艰难时期，帕梅尔酒庄当时买走了其大酒窖和三分之一的葡萄园。几年之后，剩余的三分之二酒庄被吕西安·卢顿（Lucien Lurton）所购买；酒庄城堡与酿造用的房舍就此分离。

至于酒庄的名字，则来自17世纪末一位叫“戴斯米哈”的法官，他当年幸运的娶到了侯赞家的姑娘。今天，执掌酒庄的是另一位法律界人士—德尼·卢顿（Denis Lurton）律师。他放弃了律师生涯，全身心地投入酒庄，并在1981年将酒庄的面积恢复如初：他从帕梅尔庄手里重新买回了原来的三分之一酒庄。酒庄的城堡与酒窖再次合二为一，就像戴斯米哈法官当年创建时的那样。戴斯米哈酒庄位于冈特纳小村的中心地带，吕西安·卢顿在当年购得这一气质优雅的酒庄后，曾对其进行了一系列修葺装饰。如今，酒庄城堡的大门饰以大理石纪念柱——路易十四当年最喜爱的风格……酒窖重现了昔日的美丽；新城堡用美丽的黄色石块筑就，饰以精雕细刻的三角形门楣——这座最精致的新古典主义城堡至今仍出现在戴斯米哈酒庄的酒标上。

酒庄的建筑风格毫不辱没其历史上那些鼎鼎大名的主人，其中就包括德国银行家门德尔松，他是德国作曲家门德尔松的侄子，还是本地著名的“葡萄园诗人”比亚内兹的孙子。在这位热爱梅多克的伟大诗人笔下，我们依稀能看到戴斯米哈酒庄的黄金年代。想想当年，城堡与酒窖分离，对这样一座享有盛名的三级酒庄来说，确实让人觉得有点古怪和大胆……

P179：新建城堡，雅致的栅栏门，与其古老声誉相匹配。

德尼·卢顿当年复原酒庄的壮举很有意义，此举使酒庄的酿造与经营更加辉煌。他力图让戴斯米哈酒具备一种无可挑剔的古典主义风格，就像酒庄城堡上的优美线条一样，高贵典雅，不容置疑。他给酒庄重新带来了辉煌：他赢得了这场疯狂的赌注，克服一切困难，重新恢复了戴斯米哈酒在历史上一直具有的高贵品质——平衡重于劲道。

P182：摆满橡木桶的古老酒窖（左图），城堡经过大修，其美丽的正面建筑应该是最近修建的。

加隆·西古酒庄

CHÂTEAU CALON SÉGUR

圣爱斯泰夫 Saint-Estèphe

清晨，酒庄前厅的漂亮壁炉内，还燃着小火。客厅内高贵豪华的家具，品味优雅，显露出整个城堡的舒适惬意。窗外，天空灰暗，坐在这里确实很惬意……酒庄的女主人卡贝－加斯克顿夫人（Mme Capbern-Gasqueton）精力充沛、言语幽默，她毫不掩饰自己对酒庄的深厚感情；事实上，这座位于梅多克地区最北端的酒庄也确实很迷人。酒庄的葡萄园位于略微起伏的山坡上，周围有一圈不明年代的低矮围墙，一座干净而可爱的城堡，配以略显隐蔽的酿造工房。这一切都令加隆·西古酒庄具有一种和谐而迷人的魅力，真是太美了！

在讲述这段历史时，我们有个绕不过的著名人物，他就是“葡萄王子”西古侯爵。这位同时拥有拉斐庄和拉图庄的著名庄主毫不掩饰他对旗下加隆·西古酒庄的偏爱之情，他曾多次说过：“我在拉斐庄和拉图庄酿酒，但我的心却在加隆庄身上。”说到“心”，在酒庄老酒窖的外立面上，雕刻着一个心形的石质花环，它被用在了加隆·西古的酒标上，成为浪漫的日本女子和全世界情侣们在情人节时的最爱……这真是一个前所未闻的妥协—而且是唯一的，这个当年迎合商业需求之举一直保持至今。

卡贝－加斯克顿夫人活力四射，充满自信。她领着我们穿过修剪整齐的花圃和有着低矮灌木丛的橙园，来到了放置最新技术设备的工房，工房的位置很隐蔽，和整个酒庄建筑融为一体。

看不出来，这里每年出产20万瓶伟大的葡萄酒。这款美酒的圆润与香气一直备受行家好评，某些年份，它可以与神话般的最顶级酒相媲美。

我们继续往前走着，试图发现酒庄的秘密。在这

P182：从葡萄田远望酒庄城堡，它线条简朴，恍如一座罗马式小教堂。

里，一切都顺其自然。首先，酒庄带围墙的55公顷葡萄园，与当年分级时相比，几乎没有变化，令人感到传统的延续。葡萄园并没用全部面积来种植葡萄，有些地块处于轮休阶段；而且，在这里，不同的葡萄品种不能混种：人们根据不同地块葡萄的成熟程度来决定最佳采摘时间，逐次采收。在加隆・西古酒庄，绝大部分地块种植的是赤霞珠葡萄。发酵阶段的酒汁萃取在这里被严格限定，以便酿出的酒“永不背叛其本质”——这里的人常说的一句俗语。

“我们在这里酿的酒不是用来评比参赛的，而是要给我们的酒迷酿出好喝的酒来。抽象和分析终归是有局限的。”听着酒庄女主人的讲解，我们更加感觉到这里有一种完美的和谐。加隆・西古酒庄本身就是一个和谐、平衡、充满活力的整体。在这里，优美的景色、漂亮的城堡、隐蔽的工房和心型酒标，共同组成了一个华彩乐章。

任何割裂它、对它进行解构分析的企图，都是对其本质的背叛。因为它的本质存在于整体之中，融为一体，密不可分；尊重神秘，会赋予我们灵感。

P184：看着城堡景观，我们懂得了“葡萄王子”为何会心系于此（右图、上图）；橡木桶酒窖，部分位于地下，以利于酒庄的和谐风格（上图）。

费里埃酒庄

CHÂTEAU FERRIÈRE

玛歌 Margaux

在梅多克酒庄间高度竞争的氛围里，我们常能听到“最老的”、“最大的”、“获奖最多的”、“最南的”或“最北的”等修饰语，酒庄往往不惜代价，夸耀自己是某项之最。费里埃酒庄带给我们的，则是一种可爱的谦逊—1855年列级酒庄中“最小的”酒庄。说起“最小”，酒庄只有8公顷葡萄园，其城堡规模也很小，不比别墅大：总之，最小的酒庄。

酒庄女主人克莱尔·维拉－卢顿（Claire Villars-Lurton）的聪慧在于，她不想掩盖这一事实；恰恰相反，她能够化不利为有利，把“最小”塑造成酒庄的一张王牌。名厨的小餐馆可以引来八方食客……“首饰盒里的小珠宝”，这就是女主人自1992年执掌酒庄以来力图打造的酒庄形象。

酒庄不仅小，而且经历过一段漫长的低迷期。酒庄的名字来自费里埃家族，法国大革命前在波尔多颇有实力的一个家族。这个家族一直拥有这个庄园，直到1914年的第一次世界大战。他们走后，酒庄逐渐荒芜；虽然庄名依旧，酒标未变，但由于经常把酒拿到庄外去酿，使得酒质充满偶然性，这款第一流的美酒逐渐沦为二流，就像同病相怜的彼奥雷－李奇酒庄（Château Prieuré-Lichine）和拉斯贡酒庄（Château Lascombes）一样……

如此这般，当凤凰重生时，自然引人注目。在被遗忘了几十年后，费里埃酒庄重新展现出昔日风采，这款一流名酒的回归确实令人激动。费里埃酒庄，遭遇明珠暗投多年，如今借助一束微小的光亮，开始重新发出耀眼光芒。长年的昏睡，反衬出今日的复苏辉煌，酒庄可以说是因祸得福。有人说，林间的睡美人睁开眼睛了！实际上，应该说，是“克莱尔”公主的

P187：棕榈树掩映着的城堡正面，有种意大利风格的优雅。

轻吻唤醒了林间的睡王子。

酒庄的新团队擂响战鼓，重新发动时间的战车，他们谨慎驾驭，虽然略微超速，但让费里埃酒庄重新找回了往昔的荣誉：酒色深红，几近黑色，有着花香和辛香，是最敏感的酒之一。

一切从零开始，有时是一件好事。费里埃酒庄的拯救者们把关注点放在了最根本的基础之上：土地和葡萄树—当地人称之为“酒的原料”。酒庄团队顺势而为，小心翼翼地管理、呵护着散布多处的小葡萄园，它们一块块地分散在玛歌产区。

如果失去这一根基，费里埃酒庄的奇迹就不会上演；当然，仅有这些还不够，还需要大胆、细心、耐心，或许还需要炼金术，或曰“酿酒的魔法”。

P188：1940年代情调的餐厅（左图），城堡的多立面塔楼（右上图）和酒标（右下图）都给人一种奇幻之感。

阿莱斯姆·贝克侯爵酒庄

CHÂTEAU MARQUIS D'ALESME BECKER

玛歌 Margaux

在访问梅多克列级酒庄时，人们往往敬佩和激动多于惊诧，但阿莱斯姆·贝克侯爵酒庄是个例外。它给人更多的是惊讶，这要归功于现任的酒庄主人让-克洛德·祖瑞（Jean-Claude Zuger）。

第一个惊讶：城堡本身。这座典雅的城堡位于玛歌镇的中心地带，建于19世纪中叶，采用路易十三时期的建筑风格，砖石结构外立面，但外人稍不留意就看不到它。因为，这座长型建筑物的朝向与镇子主干道恰成直角，从庄门进口处往里面看，不容易被看到。

第二个惊讶，算是惊喜：酒窖和发酵车间。在上个世纪的最后几年，酒庄进行了一系列重大工程，对陈旧设备进行现代化更新：安装了最新式的温控不锈钢发酵罐，酒窖面积扩大两倍并加装了空调，修建了品酒厅和会议室—这些新建部分都和谐地隐藏在了古建筑的平凡外表下。

另一个不算小的惊喜：收回葡萄园—收回了长期租给马莱斯科·圣埃克苏佩里酒庄（Château Malescot Saint-Exupéry）使用的7公顷葡萄田。这使酒庄的可耕地面积达到了16公顷多，其中5公顷与顶级酒庄玛歌庄的葡萄田接壤。限产、限肥、疏剪枝叶、精细采摘，这些措施都保证了葡萄质量得到稳步提升。

一踏进阿莱斯姆·贝克侯爵酒庄，惊喜连连，但最大的惊喜或许是酒庄主人让-克洛德·祖瑞。他的热情好客可能是保证酒庄成功的利器。他像孩子一样说笑着，带你一一见识了他夫人的水晶作品展览、新酒窖的“高科技”照明系统、品酒厅的精妙布局，特别是用独木舟改造的柜台……

今日值得自豪的一切，其实是对昔日苦难的一

P190：早年，从酒庄城堡的小木塔上，可以守望顺流而下驶向波尔多码头的货船。

种补偿。让－克洛德·祖瑞的祖父里茨先生曾是一名工程师，在法国东北部著名的阿尔萨斯钾盐矿工作，1938年，当他预感到战争灾难将要到来时，举家迁来波尔多，买下了阿莱斯姆·贝克侯爵酒庄并定居于此。1950年代，他的儿子保罗·祖瑞（Paul Zuger）又买下了马莱斯科·圣埃克苏佩里酒庄；1979年，保罗·祖瑞去世时，将马莱斯科酒庄留给了长子罗杰，将贝克侯爵酒庄留给了次子让－克洛德。

这也解释了，为什么这个三级酒庄在近四分之一世纪的时间里，一直用“祖庄”马莱斯科庄的车间和设备在酿酒。所以，一切从头开始，修建自己的现代化发酵车间和酒窖，非常必要。2002年，为了表彰让－克洛德·祖瑞多年来的辛苦努力，波尔多名酒联合会决定接纳阿莱斯姆·贝克侯爵酒庄成为其尊贵的会员。当然，这并不能说明酒庄就此得到了一切，但这至少说明酒庄前途无量。

长年以来，阿莱斯姆·贝克侯爵酒庄的酒标图案一直是“马蹄铁托着侯爵冠”，我们祝愿这块马蹄铁继续给酒庄带来好运气，让酒庄在神圣的征途上快马加鞭！

P192：阿莱斯姆·贝克侯爵是波尔多贵族世家“布托家骑士”，其马蹄铁在酒庄内无处不在（上图）；酒庄的外立面让人过目难忘（右图）。

圣 – 皮埃尔酒庄 Château Saint–Pierre

大宝酒庄 Château Talbot

帕纳 – 杜克酒庄 Château Branaire–Ducru

杜哈 – 米龙酒庄 Château Duhart–Milon

宝爵酒庄 Château Pouget

拉图 · 嘉内酒庄 Château La Tour Carnet

拉芳 – 罗榭酒庄 Château Lafon–Rochet

贝契维酒庄（龙船酒庄）Château Beychevelle

彼奥雷 – 李奇酒庄 Château Prieuré–Lichine

德美侯爵酒庄 Château Marquis de Terme

圣－皮埃尔酒庄

CHÂTEAU SAINT–PIERRE

圣于连 Saint–Julien

波尔多地区向来不缺以圣－皮埃尔命名的酒庄，大家一直试图区分彼此，确定哪一家才是最老的“圣－皮埃尔·塞维斯特”酒庄。梅多克的葡萄酒历史专家们对此类问题，永远兴趣盎然。圣－皮埃尔何许人？路易十五国王当政时期一位男爵的名字；两个女儿在父亲去世后平分了他名下的这片土地，直至第一次世界大战结束，又重新合二而一。为什么还要加上一位“塞维斯特”？因为，在“美好年代”时期，（指19世纪末20世纪初法国经济繁荣时期。－译者注），皮埃尔·塞维斯特（Pierre Sevaistre）曾是这两片土地的共同所有人之一。

说到底，自1855年分级以来，光芒四射的圣－皮埃尔酒庄一直位列第四级之首。它曾备受邻居酒庄的压力，即个性张扬的歌丽雅酒庄（Chateau Gloria），这座中级酒庄是马丁领主（Henri Martin）诸多葡萄园中的一面旗帜。幸亏两家酒庄的主人后来合二为一，否则歌丽雅酒庄的巨大成功必然会让圣－皮埃尔酒庄的贵族荣光黯然失色。

如今，歌丽雅酒庄的主人亨利·马丁先生也同时掌管着圣－皮埃尔酒庄。这位自始至终从旁观望等待时机的幸福庄主，终于在1981年如愿以偿地买下了沉睡不醒的圣－皮埃尔城堡：1981年，他和女儿联手从卡贝尔霍夫（Kapelhoff）姐妹手里买下了这座迷人的城堡。酒庄城堡建于18世纪，19世纪扩建了一个面积达6公顷的美丽花园，环绕在城堡四周，这个面积足够安置一个巨大的酒窖用来装瓶了……法国谚语：“越吃越想吃”，第二年，这位歌丽雅酒庄的主人，又买下了酒庄的葡萄田，大约18公顷，都属于1855年分级时那40多公顷的上好地块，位于二级庄古贺·拉浩斯酒庄（Gruaud Larose）、二级庄里奥威·巴顿（Léoville Barton）酒庄和四级庄龙船酒庄

P197：这座前厅，第一眼看上去有些凉意，但随后，你会感到主人的盛情，这就是梅多克精神的写照。

（Beychevelle）之间。

从前，在60多年间，老圣－皮埃尔酒庄曾属于一个来自安特卫普的酒商家族范·登·布什家族，他们在东面远一点的地方曾建过几座酒窖，如今都已属杜克－宝嘉佑酒庄（Ducru-Beaucaillou）所有。重建一座全新的圣－皮埃尔酒庄必须拥有足够的技术装备，以配得上列级酒庄应有的名望。首先，必须兴建新的酿酒车间和房舍，亨利·马丁全权负责此事，建筑师阿兰·特里欧因与家族有亲戚关系，承担了设计工作。不久，一个庞大建筑拔地而起，“马丁领主”旗下的三款葡萄酒都在此发酵和陈酿。当地政府对酒庄的新建筑有些不满，尤其在建筑材料和外观风格上，最初让人很看不惯；不过，这座新建筑后来还是成为酒庄建设方面的成功范例。

这座超现代化的酒庄，酿制出了名副其实的列级美酒，具有圣于连葡萄酒的神韵，是圣于连产区最好的酒之一；它富含单宁，适宜久藏。圣－皮埃尔酒庄的座右铭“至高无上”，正是当年“太阳王”路易十四的信条。圣－皮埃尔酒庄的竞争者至今不能理解，这座低调含蓄、起步略晚、还一度显露疲态的酒庄，如何取得今天的成功。

P198：卡贝尔霍夫姐妹的城堡旁（左图），在道路另一边，修建了生产酿造车间，其中包括一个水泥发酵罐（上图）。

大宝酒庄

CHÂTEAU TALBOT

圣于连 Saint-Julien

1993年9月失踪的前任庄主让·戈迪埃（Jean Cordier），在销声匿迹十多年后，又活泼地回到了大宝酒庄，他是两位现任女庄主洛伦·卢斯特曼（Lorraine Rustmann）和南茜·比农·戈迪埃（Nancy Bignon Cordier）的父亲。这位老父亲一直保持着庄园守护神的形象，另一位可以与他分庭抗礼的神灵是地位无比尊崇的大宝将军（Talbot），他曾是英格兰军队赫赫有名的战神，担任法国吉耶纳省的总督至1453年卡斯蒂戎战役时战败，随后其人不知所终，但他的姓氏却是本庄园最正宗的来源。

第一次世界大战后不久，祖父乔治·戈迪埃（Georges Cordier）买下了大宝酒庄。这是个来自北方洛林省的家族，北方人认真治事与宽厚待人的精神气质从此浸透了这片田园。酒庄之内，这种精神无所不在：在酒庄建筑方面，家族根据人体工程学原理，对发酵车间进行过两次改造，1989年使用橡木发酵桶，1994年采用不锈钢发酵罐；酒窖也是光洁如镜、一尘不染，成为这座高贵城堡的缩影。在大宝酒庄，对效率的不懈追求，与对最微小细节的高度关注，交织在一起，这种精神只有彻头彻尾的完美主义者才有。一切都尽善尽美，无可挑剔，如果需要进行比较，这种极致的关照，通常只有在瑞士的一些贵族学校里才能找到。

大宝酒庄108公顷的上等葡萄园，与二级庄里奥威·巴顿酒庄（Léoville Barton）和古贺·拉浩斯酒庄（Gruaud Larose）的葡萄园隔界相望，三家比邻而居的酒庄都位于圣于连产区内。整个酒庄充满活力。对葡萄成熟度的分片管理模式，有效地保证了葡萄原汁的最佳品质。

P200：从戈迪埃的美好年代起，至今未变的城堡，有种度假般的感觉。

在葡萄酒酿造的全过程中，一切都是以葡萄原料为基础，酿出最优秀的成品。例如，葡萄果粒进车间分类时，用风干机进行柔和的去湿处理，这在整个梅多克地区，或许是独一无二的？生产线终端的装瓶车间，安装了自动化消毒设备，极端现代化，像个试验室。

在这里，现代化的足履沿着古朴砖石轻轻踱步，两相融会，各自气定神闲。变化无穷的炼金术正在生气勃勃的古堡里进行，酒庄内到处洋溢着激情。有位作家曾写到："要成为，并永远成为一款美酒的主人，必须具有真正的贵族气质，才能配得上好酒及其酒庄。要作出奉献，首先是感情和兴趣的奉献，作为美酒的主人，应该对它深怀爱意。"我们在大宝酒庄看到的，正是主人们为追求完美做出的全部努力、其承载的全部忧患、庄内热情洋溢的气氛以及让人如沐春风的友善。所有这一切，都让隐伏在酒标背后的活力喷涌而出，一个词赫然出现在我们眼前，这就是"爱"。

P202：城堡内景、完美的发酵车间和高雅的美酒，这一切都密不可分。

帕纳－杜克酒庄

CHÂTEAU BRANAIRE-DUCRU

圣于连 Saint-Julien

与梅多克其他列级酒庄派发的导游手册不同，帕纳－杜克酒庄为普通游客和专业人士分别准备了内容全然不同的介绍专册。这座非比寻常的城堡更愿意将自身独有的情调、葡萄园和最新式的设备介绍给公众，让客人们了解帕纳－杜克酒的精致柔顺、细腻入微和日趋完美。帕特里克·马洛都（Patrick Maroteaux）先生主持酒庄已有15年，他对上述要求并不陌生。无法抑制内心的激情，他在1988年终于说服了岳父母家族转行投资葡萄酒业，这与该家族世代从事的制糖业相隔十万八千里。无论如何，能将一座位列四级的酒庄收入囊中，绝对是帕特里克·马洛都先生个人的巨大成功。导游手册文笔流畅、文采飞扬，篇幅虽小，但将酒庄奉行的哲学理念阐述得极为精辟。

在马洛都先生看来，品评原产地命名酒的特点时，它们尽管有级别与品类的差别，但都共同具有“复杂性和愉悦感，而圣于连的葡萄酒则有着一个更为出色的共性，这就是平衡”。他说得多好！帕纳－杜克酒庄的葡萄园位于圣于连－贝契维高地景色迷人的圆丘上，面向吉伦特河，位置绝佳。葡萄园面积50公顷，规模适中。换句话说，酒庄主人解释说：“这片地得天独厚，而且，还没有被全部开发。”葡萄树龄决定了其自身价值。“葡萄树与人类不乏相通之处，树龄与年龄的评判标准一样，35岁上下，树与人俱在盛年。更年轻些，则是人与树尚待成熟；再过20年，则负担过重，精疲力竭，垂垂老矣。”

马洛都先生最引以为荣的得意之作，是主持重建了发酵车间。毫无疑问，酒庄只接受最佳，这一点显而易见。此工程1988年着手兴建，庄主再一次强调：“靠小打小闹的工程，我们没法完成宏图大业。”当然，他也承认，庄内随处可见的自动控制和调节系统也不是万能的，因为，像其他任何工作一样，余下

P205：城堡中央的华美楼梯，保留着督政府时代的风格。

的部分，还要靠人的聪明才智作出最终的决断和选择……

来到帕纳－杜克酒庄，如果不参观一下它壮丽的城堡，无疑是一件大大的憾事。城堡外观庄重森严，无一丝炫耀，无一处浮夸。对称与协调的建筑风格宣显着默默无言的和谐。帕特里克向我们介绍说："这是督政府时期（1795年～1799年。－译者注）的建筑风格，让人联想到16世纪意大利的帕拉迪奥别墅。"通过这些恰如其分的介绍，我们再一次感受到，酒庄的主人们是如何从这片土地上汲取智慧和酒庄精神的。如果认为酒庄主人们的所作所为只是一种巧合和偶然，那就大错特错了。确实，对帕特里克·马洛都先生来说，一切都不是偶然的。

P206：老式城堡的古典气息（右图与上图），与庄内最现代化的发酵车间（下图）。

杜哈－米龙酒庄

CHÂTEAU DUHART–MILON

波雅克 Pauillac

1962年，拉斐酒庄的庄主罗斯柴尔德（Rothschild）先生买下了自己的邻居杜哈－米龙酒庄。1937年，拥有酒庄已达百年的卡斯德亚家族（Castéja）将酒庄出售，在此后的25年中，杜哈－米龙酒庄几经易手，前后更换了五任主人，每任主人都没有足够的时间去照管、经营它，更谈不上更新现代化设备。颠沛流离的命运给酒庄造成了显而易见的恶果：酒庄总计110公顷的葡萄园，当时只剩下了不到20公顷。

新任庄主罗斯柴尔德痛下决心，立志重树其沦落已久的高贵。为此，酒庄开始了"重建罗马城"式的宏大工程：整片土地挖渠引流，每株葡萄树易地重植，苗圃中枯苗全数拔除，淘汰所有不适合本地水土的小维多（petit verdot）葡萄品种，修改原沟渠走向，疏阔葡萄间距，根据葡萄收成预期建造相应规模的酒窖，配置大容量的现代化酒桶……经过四分之一世纪的时间，酒庄差不多恢复了40多公顷的葡萄园，此时，葡萄田面积已超过70公顷！

应该说，拉斐庄主人的介入，在某种程度上，是对杜哈－米龙酒庄的兼并。两家酒庄之间，从来不是简单的邻居关系。杜哈－米龙酒庄西邻拉斐酒庄，两家酒庄的葡萄园大面积纠缠在一起，以致打理两家酒庄的同一团队都没必要采用不同的管理方法。因此，新酿出的杜哈－米龙酒很快达到了卓尔不群的水平。一时间，好评如潮，杜哈－米龙酒被赞誉为"波雅克名酒的楷模"。高雅、平衡、细腻，正是这家四级酒庄隐含的精神气质，他人无法模仿。

"米龙"的名称何来？它来自酒的称谓。在"葡萄王子"西古侯爵时期，葡萄园租户每年要向拉斐领主缴纳成酒作为租金，这种酒当时被叫做"米龙

P208：自1960年代初成为酒庄主人后，罗斯柴尔德家族投入巨资，修建了这些酿酒工房。

50
51

酒”。至于“杜哈”的姓氏，多半来自一名18世纪的海盗，此人劫掠发财后，隐居海边，安享晚年。直到上世纪中期，形形色色的“海盗之家”背景图案，仍广泛见于波雅克产区许多酒庄的酒标上。其后，在两次世界大战之间的短暂时期，卡斯德亚家族的成员们曾认真考虑过在这片庄园上建造一座城堡，一座与列级酒庄相配的高贵城堡。但这个方案一直停留在纸面上，没有动工。如今，酒庄的参天大树下，只有罗斯柴尔德家族的橡木桶作坊……法国小说家克洛德·费希尔在创作《想象的坐标》一书时，从中获得了强烈的灵感。

对一款伟大的葡萄酒来说，一座美妙的城堡似乎是必不可少的。事实上，杜哈－米龙酒庄从没有过一座真正意义上的城堡。今天，酒庄在罗斯柴尔德家族“改天换地”的翻建下，再次成为了梅多克的伟大酒庄之一。杜哈－米龙酒，一款历史悠久的酒，集三代葡萄酒农辛勤劳作之结晶，又重新获得了波雅克四级酒庄的荣光。

P210：水泥发酵罐上，罗斯柴尔德家族的黄蓝双色（左图）。从半开的大门，可以看得酒庄宏大的酒窖（上中图）。橡木桶上，标明了酒液产自哪个地块（上左图）。

宝爵酒庄

CHÂTEAU POUGET

玛歌 Margaux

2006年，吕西安·吉美（Lucien Guillemet）先生举办了家族入驻宝爵酒庄的百年庆典。他从中得到某种荣耀和满足感。当然，对他这样一位充满智慧的酒界哲人来说，远非满足虚荣这么简单。作为技术主管，他曾在吉事客酒庄（Château Giscours）呆过13年，这让他学到了先贤酿酒经典中所没有的知识，学会了敬畏自然，在“风土”面前尽量抹去人为的痕迹。“先天决定了一生，至于其他后天的东西，并不像我们想象的那样难以改变。短期而言，您可以通过酿酒技巧和酒汁调配来改变，长期而言，需要改变葡萄品种和耕作方式。”

我们似乎明白了，这位先生对外界的评头论足为何反应如此激烈。“先天的酒，在我们经手酿造前，就已经在那里了；我们这些生产者只是起个顺势而为的作用。这与后天人为的酒截然不同，要有趣得多。”至于宝爵酒本身，其风格与传统经典的玛歌风格相去甚远。如果拿吉美家族旗下的两家酒庄来作个比较，波瓦－冈特纳酒庄（Château Boyd-Cantenac）的酒则显得柔顺、轻盈，适合酒客口味，更符合玛歌风格。

庄主承认：“宝爵酒庄坐落在一块风水宝地上。这里的酒，单宁特点非常突出。如果说，我的酿造与此毫无关系，那我是在说谎；事实上，我在酿制过程中，并没有刻意添加什么，只是突出了这一点。”这位充满激情的酒庄主人，同时也十分谨慎，他近于辩白地补充了一句：“说到底，人们从来不能随心所欲，只生产自己喜欢的酒；至于我本人喜欢什么，说实话，我喜欢用来喝的酒……”

所有的酒不都是用来喝的吗？吕西安·吉美先生的目光中流露出一丝若隐若现的狡黠，他说：“重要

P213：小心翼翼的采摘葡萄，是追求卓越的第一步。

的是，酒从瓶子里倒入杯中，被一饮而尽。很多酒，你喝的时候不会想……”言外之意，为了取悦酒评界，好多酒都被刻意酿制得醇厚，变得难以下咽，让人扫兴。

但是，这类情况永远不会在宝爵酒庄出现，这里的人们一如既往地无条件满足每一位忠实顾客。与就地出售新酒的波瓦－冈特纳酒庄不同，宝爵酒庄将每年的新酒全部定期卖给两家酒商，通过他们对外销售，其中一家在法国本土，很少有人提及它的存在；另一家在北欧，主要负责荷兰、比利时、卢森堡、丹麦等国家，同时也经营加拿大和亚洲市场。宝爵酒的饮者们是一群特立独行的酒客，他们不太在意列级酒排名的上下高低，对风言风语的评论也充耳不闻，而是踏踏实实地等着自己这款心爱而熟悉的美酒，一款性格独特、不同于其他列级酒的佳酿。这些酒客经过长期品评，选中了宝爵酒，并一直对它情有独钟。如果再进行评选，他们依然会忠于自己的选择。

P214：美丽的葡萄园（左图）、石头花环和一战胜利年份酒（上图）。

拉图·嘉内酒庄

CHÂTEAU LA TOUR CARNET

上梅多克 Haut–Médoc

首先，让城堡本身去叙说。只须静心凝望、放飞思绪，就会感到这片土地的生命脉络。在历史中挖掘证据，爬梳整理，我们对这座酒庄更加了解。最后，毫无保留地投身赋予其生命的精神世界，躺在宛如摇篮的这块乐土上轻轻摇荡身躯，若隐若现的幻觉使人迷茫……应该坦承，这确实是了解一座酒庄最直接、最简单的方法。极富感染力的美景就在眼前，风光秀丽、清雅如歌，此处正是拉图·嘉内酒庄。美景历历在目，胜过一切话语。

就山川地势而论，这片古老的封邑，位于波尔多城到半岛尖端的半程之地，换言之，地居经略要冲和互市之所，是兵家必争之地，即使堡垒被摧毁也在所不惜。当年，法英两国为争夺吉耶纳（Guyenne）地区控制权，曾经进行过旷日持久的战争。事实上，本地领主们更忠于英格兰的狮子旗，而冷落法国王室的百合花，其中，尤以福瓦克斯家族为典型。这里的要塞堡垒，在中世纪时被称作“圣—罗兰堡”，它俯瞰整个领地，在百年战争中，曾作为坚如磐石的防御壁垒，击退过敌人一次次的猛攻。但实际上，城堡主体的建筑年代远早于此，可以追溯到1120年，这一点被标注在了这款酒的酒标上。换句话说，城堡初建的时间，比周围田园里第一批种下的葡萄树整整早了100年。

从地质学角度看，小山丘“拉图·嘉内岗”是当地的一个奇观：在高高隆起的圆丘上，从19米的高度俯视着脚下排列成行的葡萄架，堪称绝无仅有，独此一家，而且，这里的粘土层富含钙质，覆盖着一层来自加龙省和比利牛斯省的砾石，对葡萄种植者来说，确实令人惊叹。更令人惊奇的是，与其他酿造极品酒

P216：要塞城堡，在远处就可看到，让人想起当年的英法百年战争。

的葡萄相比，此地葡萄承蒙上天眷顾，生长得更好，因此，自15世纪始，酒庄的产品就备受欢迎，售价也远高出平均水平。在1855年拉图·嘉内酒庄跻身“列级庄”诸庄之前的几个世纪，这些事实就早已载入史册。

城堡围墙式的整体环境，护卫着优雅舒适的生活方式。城堡周围的地形高低起伏，矮灌木青葱翠绿，护城河水平添了一抹浪漫，18世纪制成的铁栅栏后隐映着16、17世纪建成的迷人居所……这一切让人不禁追忆起昔日城堡的高朋访客，其中最著名者莫过于蒙田与拉·博埃蒂这两位哲学家，他们的影子从未离开过城堡和这里的一草一木。当然，还有瑞典绅士鲁特肯斯家族，这一家族在兵荒马乱的法国大革命期间，保护了酒庄。

2000年，作为“千禧年”的标志性事件，拉图·嘉内酒庄再次易主，贝尔纳·玛格莱兹（Bernard Magrez）先生接手酒庄。你只需对酒庄的新酿稍加品尝，就可以感受到这一变迁。新主人不仅重修了城堡，而且还不失时机地将葡萄田引种到高处；他更新了技术设备，使酒的品质得到了大幅提高。18个容量7000升的木质发酵罐刚刚安置完成，这将保证酒庄不同地块的葡萄原汁得到更理想的处理。

本次易主后，酒庄在橡木桶陈设上也添加了某种剧院感。如今的酒窖，共有1400个橡木桶，大多数是新桶。新桶以呈“阶梯式”自下而上排列，四壁铺满，形同“圣殿”。这座“葡萄酒的剧院”，必定跻身著名酒窖之列。

P218：这座要塞式城堡（右图），是众多酒庄梦寐以求的招牌。庄内陈设豪华，外景、客厅入口和橡木桶酒窖（上图）。

拉芳－罗榭酒庄

CHÂTEAU LAFON-ROCHET

圣爱斯泰夫 Saint-Estèphe

阿尔弗雷德和米歇尔两兄弟的父亲居伊·泰斯隆（Guy Tesseron）先生，1960年5月买下了拉芳－罗榭酒庄，这位来自干邑酒产区的葡萄种植者，他的到来打破了这里固有的平静。大家一致认为，当时的拉芳－罗榭酒庄已破败不堪，那座几近废墟的城堡，就是这一衰败有目共睹的证据。如若重建，花费必然不菲，而且结果还不得而知。然而，新主人毅然决定，从原址所剩无几的残垣断壁着手，在这片废墟上，重建一座纯粹18世纪建筑风格的城堡。这是波尔多地区的孤例，不可效仿；当代人继承梅多克伟大传统而重建极具象征意义的城堡，这不失为一个成功范例。

建筑师对主人决心复古的意愿心领神会，不久，一座古典风格的城堡拔地而起，然而，其结构却是最现代化的，它为这款美酒的诞生地奉献了一朵建筑奇葩，光复了酒庄的传统价值和列级尊荣。几年前，小儿子米歇尔·泰斯隆（Michel Tesseron）从父亲手中接过了酒庄；他的哥哥阿尔弗雷德已接掌了家族的另一产业庞特－卡内酒庄（Château Pontet-Canet）。他决心以自己的方式领导企业，达到终极目标。受18世纪俄国波将金时代的宫殿风格启发，他决定将整个城堡粉刷成醒目的黄色。勇敢而强烈的黄色，成为了城堡标志，生产车间被漆成黄色，酒标也印成了鲜亮的黄色。

这一新奇之举招致了许多非议，批评者认为破坏了城堡整体的美感，米歇尔·泰斯隆本人却认为："搞得漂亮一点，也费不了多少钱。"城堡建成后的第一年，照明系统将发酵车间映射得形同剧场，玫瑰红大廊柱微敞的顶端支撑着天花板，颇似古希腊克诺索斯王朝的米诺斯迷宫风格。建筑结构形成一套自由

P221：庄主米歇尔把城堡刷成了亮黄色，从此，新城堡在圣爱斯泰夫葡萄田里熠熠生辉。

溢出式“除湿系统”，酒窖内凝结着一层“吹弹可破”的晶莹水膜，不仅令观者惊叹，而且起到了保持酒窖湿度的作用。

你如果认为庄园主人的诸多举措纯属摆设，那就大错特错。当然，我们千万不能忘记最重要的一点：对这片世人仰慕已久的著名葡萄园来说，其著名的45公顷“风水宝地”才是酒庄的王牌。酒庄的葡萄地块分布在紧邻波雅克产区的圣爱斯泰夫一侧，与尊贵的科·埃斯图耐尔酒庄互为芳邻，两庄的葡萄地块犬牙交错；沿着弯曲的田垄继续前行，咫尺之间便是拉斐酒庄。米歇尔胸怀大志，渴望每年从土地中攫取精华，将风土特质完美地表现出来。他就像一位伟大的主厨，每年一次，只烹制一道佳肴，故此，务须全神贯注，不容疏漏。他颇具诗意地说：“面对大自然，葡萄种植者是如此卑微渺小，他们的一切均由大自然赐予，土地、葡萄、气候……他们生于斯，复归于斯”。听着他的话语，能真切感受到其情感在心间震颤。最后，他言简意赅地总结如下：“酿造美酒，吾辈之福”。

P222：除了现代化设施（左图）外，酒庄还力求风格古朴，例如城堡的铁艺楼梯和铭文石碑（上图）。

贝契维酒庄（龙船酒庄）

CHÂTEAU BEYCHEVELLE

圣于连 **Saint-Julien**

与其被称作“古希腊的大特里亚农宫”，倒不如“梅多克的凡尔赛宫”的赞誉来得更为贴切。不同的称谓无足轻重，而贝契维酒庄最精妙之处在于，它寓和谐于伟大，寓迷人于庄严。酒庄城堡参照建筑大师曼萨尔的艺术杰作——凡尔赛宫而建，拥有一条迷人的阶梯游廊，遮阳栏柱上满雕意大利风格的花冠纹饰，宽阔的波状飞檐翼然两侧，墙面凸出的主堡看起来仿佛振翅欲飞。城堡的主体部分建于18世纪中叶，当时的主人布拉西耶侯爵给未来的城堡打下基础，此后，在19世纪、20世纪进行过两次大修。

城堡最精致考究的前院是迎宾之所，但花园方向，主堡侧影之秀美更胜一筹，令访客们惊喜交加。法兰西风格花圃上方搭建的凌空观景台高挑轻盈，登临其上，极目远眺，满眼草木葱茏，看不尽江山如画。毫无疑问，这是吉伦特河奉献于此的最美景色，观者实难将目光从楚楚动人的河畔浅滩上移开。一座能提供如此胜景的城堡，何愁产不出一款美酒？贝契维酒庄注定要成就伟大，无论是城堡还是酒。

通廊客厅里最具荣誉感的焦点，是陈列在“新文艺复兴风格”壁炉上历任庄主的肖像。被天主教徒视为危险人物的爱伯尔依公爵（Duc d'Epernon），是法王亨利三世和玛丽·梅第奇（亨利四世王后－译者注）共同的宠臣，他在担任吉耶纳省总督期间，顺理成章地成为贝契维酒庄的主人。当时，所有穿梭往返于吉伦特河的船只，在经过庄园水域时，均须降下桅帆以示恭敬，这成了约定俗成的通例。“庄名Beychevelle”，近似“降帆baisse-voile”的法语发音，此处地名就派生于此。

离我们更近的酒庄主人，是阿希勒－福德（Achille-Fould）家族。这个拿破仑三世的重臣兼银行家，其家族后裔从1890年到1989年，经营酒庄近一

P225：城堡前庭廊柱上的火焰雕刻，反映出路易十四时期的风格，建筑风格在梅多克地区独一无二。

个世纪。从1970年代起，家族王朝最后一位掌门人艾玛尔·阿希勒-福德先生，与著名的葡萄酒专家佩诺教授建立了密不可分的合作关系。两人共同努力，使筛选葡萄的标准愈发严苛，因此极大改善了葡萄酒的质量。他们做出了非常有益的贡献。如今，利博洛—盖庸和博瓦斯诺两位专家接替了佩诺教授。1984年，法国GMF保险集团参股酒庄，1986年老庄主艾玛尔辞世时，该集团拥有了酒庄绝大部分股权。1988年，它与日本酒业巨头三德利公司（Suntory）合组“法国好年份酒业公司”，共同拥有酒庄至今。

写作本书时，我们强调，每个酒庄都有其独特之处。贝契维酒庄的特殊之处在哪里呢？当年，城堡内有个小农场，饲养着牛群，葡萄园所使用的天然肥料都来自这些牛粪。当然，更令人兴奋的是，酒庄还有许多超乎本地生活的好项目，例如，一座阿奎坦省的“梅第奇别墅”落户城堡内，不久后，“爱基电影协会”的一个电影创作室也接踵而至，该协会由让娜·玛罗夫人担任主席。贝契维酒庄一直欢迎各类文化演出在此举办，尤其是盛大的交响音乐会。在场的人们都说：“这座城堡不再是私人住宅，它向全世界的葡萄酒爱好者敞开大门。”

P226：从吉伦特河远看城堡正面（左图），公爵时期还没有如此宏伟，后来在17、18和19世纪得到扩建。

彼奥雷－李奇酒庄

CHÂTEAU PRIEURÉ–LICHINE

玛歌 Margaux

命运宿命在一些特定地点，铸下深深印记。一群星光熠熠的人物终其一生，与之不弃不离，终生相伴。某些葡萄庄园迸发出充满生命力的坚强意志，足以抵御任何风吹浪打，每次都能从各种厄运中安然脱身，恰似凤凰涅槃，每每从灰烬中获得重生。彼奥雷－李奇酒庄的历史正是这样的传奇，在法国大革命查封资产的狂潮中幸免于难，挺过了历次毁灭性的葡萄植株病害，经历了酒庄拯救者辞世的悲痛，任凭风狂浪险，始终岿然不动，每一次重生都比往昔更为强大。

“彼奥雷（prieuré）”一词，在法语里是隐修院的意思。在16世纪，来自维尔德耶修道院的僧侣们在冈特纳小村建起了一座隐修院。对于这座隐修院的情况，我们知之不多；对痴迷梅多克地方史的大学生们，这倒是一个不错的研究课题。但我们至少知道，在那个时代，这座隐修院出产的葡萄酒已声名远播，是整个梅多克地区葡萄酒定价的参照标准。早在1789年法国大革命被没收为国有财产之前，“彼奥雷”葡萄酒就已拥有了巨大声誉。

1855年分级时，“彼奥雷”葡萄酒曾被命名为“彼奥雷酒庄”。庄园饱经沧桑，直到1951年才翻开新的篇章。在那一年，酒庄被一位无疑是最耀眼的人物买下来，他就是酒界奇才亚里希斯·李奇（Alexis Lichine），波尔多人当时对他还不甚了解。亚里希斯·李奇是位年轻的葡萄酒商，他父母是移民美国的俄国人。他对列级美酒充满激情，致力于让这些美酒与音乐和绘画并列，在世界文化之林占有同等重要的位置。这位当代伟大的酒庄主人，被纽约报界称为“葡萄酒教皇”，他既有俄国作家纳博科夫的敏锐，又有法国戏剧家吉特里的超群感染力，他不仅要让他

P229：用壁炉盖板作装饰的一面墙，反映了庄主李奇先生的品味。

的美国同胞们认知法国的美酒佳酿，也要向法国人揭示出，他们自己的葡萄酒珍品中深藏着难以置信的潜力，这一切从波尔多酒开始。

1953年，冈特纳小村的彼奥雷酒庄（Château Prieuré-Cantenac）被正式更名为“彼奥雷－李奇酒庄（Château Prieuré-Lichine）”。从那时起，经营方式为之一变，尤其是购买了三家一级酒庄的零星地块，酒庄大幅度扩大葡萄种植面积，广泛分布在梅多克的五个葡萄酒命名产区，30年间，酒庄的葡萄园面积从11公顷提升到60多公顷。新庄主的身影无所不在，他对葡萄种类的专业知识，对酿造技术的精通，使庄园酒尽善尽美，迅速提升了这一“新派”列级酒的声誉，使之远远高过当初列级时的水平。为此，靠着酒庄主人的不断宣传、市场嗅觉和豪爽好客，酒庄大获成功。很快，彼奥雷－李奇酒被业界评为“巅峰之作”。

金币永远有其另一面。1989年，李奇先生鞠躬谢幕，溘然长逝，被安葬在离铁路线不远、酒庄最美的一片台地上。他离世后造成的瞬间真空，导致了坏得不能再坏的结果。儿子萨沙·李奇（Sacha Lichine）作为接班人，对酒庄的照管远逊于父辈，其追求产量的经营方式在当时受到广泛批评，但还能勉强支撑酒庄。10年之后，他将父亲以毕生精力培育的成果，出让给了波尔多酒业巨头巴朗德集团（groupe Ballande），该集团的睿智为酒庄又一次更富活力的重生提供了可能，这是一颗永不陨落的明星。

易手后不久，庄园的新主人们集中精力发掘葡萄的潜力。他们更新了部分葡萄植株，精选了最卓越的品种，以符合庄园的尊贵名声。他们恢复了庄园的传统，使酒品优雅高尚，口感微妙复杂。所有新举措的唯一目标，都是努力关照呵护葡萄树本身，因为这是葡萄酒的原材料。所有付出得到了丰厚回报，彼奥雷－李奇酒重新获得了人们的顶礼膜拜，就像古希腊圣殿一般，它成为玛歌酒中的“一朵奇葩”。

P231：酒庄花园（上图）说明，酒庄从未失去魅力。酒窖的蓝色柱子显得很富有戏剧感。

德美侯爵酒庄

CHÂTEAU MARQUIS DE TERME

玛歌 Margaux

1929年的经济危机殃及天下，世界各地的古老家族产业不得不重新布局，再行合纵连横。梅多克地区亦未能幸免，众多的酒庄城堡纷纷易帜换手。相同的厄运降临在德美侯爵酒庄，原先的拥有者福耶拉家族（Feuillerat），在1935年将酒庄的所有权转让给了塞内克劳兹（Sénéclauz）家族。该家族世代居住在阿尔及利亚的港口城市奥兰，以经营该国高档葡萄酒进出口贸易而享有盛名。虽然家族在当地根深叶茂，但这并没有阻止他们直接进军梅多克腹地，因为这里的气候更加温润宜人，土壤养分更为丰富。酒庄主人皮埃尔·塞内克洛兹（Pierre Sénéclauz）先生远见卓识，其三个儿子的聪慧也不让乃父，他非常聪明地让自己只负责酒庄大方向的把握，而酒庄的日常管理，则全权委托给了一位精明干练的酒庄经理。

从那时到现在，只有两位先生担任过酒庄经理，这一职务使他们的能力得到了尽情发挥，而且两人对雇主的信任也给予了充分回报。继第一任经理亚历山大·托罗（Alexendre Tolo）先生之后，梅多克地区大名鼎鼎的让－皮埃尔·于孔（Jean-Pierre Hugon）先生，自1974年起，一直打理着德美侯爵酒庄的生产与经营。他是一位酒农的儿子，以农民方式表达思想的大地之子。他健谈而随和，提起当年，他对当时的经营目标和手段都表示出了强烈的反感。他回忆道：“70年代初期，人们首先追求的是葡萄产量。与我们今天的作为相比，那确实不是好事情……一小块葡萄地里栽种了很多品种的葡萄树，不堪其用的酒窖，卫生条件很差；还有过时的发酵桶，有些橡木桶用了都快20年了！”但我们注意到，凡此种种，没能阻止酒庄在某些年份酿出极品佳酿，例如1975年份酒。

P232：城堡阳台面向漂亮的花园，令人感觉到酒庄的宁静。

正因如此，为了确保德美侯爵酒庄重放异彩，酒庄对生产酿造的全过程进行了一系列改造和更新。于孔先生继续说道："近四分之一世纪的历史，是酒庄枯木逢春的复兴史。"他在任内年复一年、季复一季地采取了一系列改革措施，例如：在25年间增加了12公顷的葡萄种植面积，改良葡萄品种，更换发酵桶，尤其是在1980年代采用了不锈钢发酵罐，新建了一座与酒庄名望相配的橡木桶酒窖，酒窖空间很大，可以满足大批量储酒，支撑酒商的大宗交易。

值得注意的是，面对变革和创新，德美侯爵酒庄从来不会心血来潮地冲动而为，它的每一次重要抉择都是经过深思熟虑和循序渐进的，绝无不过脑子的莽撞之举。现在的问题是，如何面对克隆技术，或采用何种有效方法以降低气候变化所带来的不良影响。事前的思考与判断必不可少，但过于超前的搜求预兆，也于事无补。酒庄经理尽力让酒庄在变革面前保持稳定和井井有条，用一个惯用的俗语来形容，"管好这个家，像个好爸爸"。

如果说有什么遗憾的话，那就是，他觉得整日被法律和日常行政事务所累，终日要小心提防生产过程中偶发事故所导致的损失。时间如白驹过隙，激情不容消磨，更何况这高雅行业的首要目标已经确定：种出最优质的葡萄，并从中酿出最忠实于土地特性的美酒，原汁原味，不负其名号。

P234：古典风格的城堡与葡萄田（下图），半地下酒窖和几乎不变的酒标（中图）。古老的壁炉和带有家族徽章的炉台（右图）。贴满瓷砖的水泥发酵罐，流露出一丝高贵气息（上图）。

庞特－卡内酒庄 Château Pontet-Canet

芭塔叶酒庄 Château Batailley

奥－芭塔叶酒庄 Château Haut-Batailley

岗－皮伊－拉寇斯酒庄 Château Grand-Puy-Lacoste

岗－皮伊·杜卡斯酒庄 Château Grand-Puy Ducasse

林奇－巴日酒庄 Château Lynch-Bages

林奇－慕萨酒庄 Château Lynch-Moussas

杜扎克酒庄 Château Dauzac

达玛雅克酒庄 Château D'Armailhac

杜·黛特酒庄 Château du Tertre

奥－巴日·里贝哈酒庄 Château Haut-Bages Libéral

贝德斯科酒庄 Château Pédesclaux

百家富酒庄 Château Belgrave

卡梦萨酒庄 Château Camensac

科·拉博利酒庄 Château Cos Labory

米龙修士酒庄 Château Clerc Milon

夸哉－巴日酒庄 Château Croizet-Bages

坎特美乐酒庄 Château Cantemerle

庞特－卡内酒庄

CHÂTEAU PONTET-CANET

波雅克 Pauillac

黄昏时分，落日的最后一缕余晖洒在波雅克的田野上，将庞特－卡内酒庄的葡萄园染成一片金黄。酒庄近乎80公顷、整齐划一的葡萄园，与高贵的一级酒庄木桐庄比邻而居。极目远眺，视线在浅壑小丘的尽头迷离消失，庞特－卡内酒庄的城堡位于一片小高地上，俯瞰着吉伦特河，堡内院中有着布局精巧和谐的酒窖，夕阳下，树影越拉越长，色彩逐渐变得分明……在这个周末时分，脚蹬长靴、头戴雨帽的阿尔弗雷德·泰斯隆（Alfred Tesseron）先生开始了他最后一圈的巡视。他目光炯炯，眉宇中流露出骄傲的神采。当酒窖的铁门在他身后一扇扇关闭时，他眼里流露出了一丝工作完毕的满足感。

数年间，泰斯隆先生的老父亲投入巨资，使这片昔日一直半死不活的土地得到了彻底改变。此后，家里的儿子们和他们的团队，多方取经，积累经验，以改善葡萄果粒的处理方法。例如，在采收时节，他们使用塑料网笼盛放采摘的成熟葡萄，此举使葡萄果粒得到精心照料，极大方便了葡萄运输。葡萄果粒的检选工序在一间装修一新、光线充足的大厅内进行。美观纯净如同"红鱼子"般的果粒，分别滚落在木质、水泥和不锈钢三种不同材质的发酵罐中，三种发酵罐和谐相处，得到了最大限度的灵活使用。用于储藏和装瓶的酒窖质量上乘，它与漂亮的发酵车间，共同构成了酒庄新修建的第三个院落。

与其他酒庄相比，庞特－卡内酒庄花费了更多时间接受新思想；当时，出于对收益的计算与考量，家族成员们宁愿不采取行动。阿尔弗雷德·泰斯隆先生略带辛酸地回忆起，酒庄为了限产保质而进行的第一次"剪枝疏果"发生在1994年。当时，作为老派

P239：从发酵车间的双排楼梯，可以到达楼上大厅，在葡萄采摘季节，用于存放葡萄。

SORTIE

酒农的老父亲，不能容忍如此“浪费”他精心培育的葡萄……后来，多亏用新方法酿出的酒取得了巨大成功，老父亲才缄默不语，接受了这一做法。

当年，巴黎高档的“蓝色火车”餐厅和英国“卧铺车”旅游公司都曾将庞特－卡内酒收入自己的酒水单里，这款一流佳酿达到了其巅峰。毫无疑问，任何葡萄园都有某种不可违背的规律，自然的出产物证明了这种规律的存在。阿尔弗雷德·泰斯隆先生信心满满地说：“我由衷地认为，在任何情况下，我都不会迷失方向，因为，‘美好、优雅的生活，与我们的好酒密不可分’。”酒庄城堡高贵优雅，打蜡的廊柱雄浑粗壮，铁艺栏杆造型精巧，厅堂壁炉上贴满瓷砖，这一切，连同酒庄的热情待客，都进一步证实了酒庄主人所说的话。

身在城堡，浮想联翩：热闹的客厅里尽是深谙酒中妙趣的行家里手，个个如获至宝，人人喜形于色；遍尝佳酿的酒客口无遮拦，交相称赞。庞特－卡内酒庄既传承着数百年来酿造葡萄酒之精华，又超脱了某些陈年俗套，借用法国著名诗人普雷维尔的诗句：“读法兰西史，醺醺然，品庞特－卡内酒，陶陶然。”

P241：酒庄城堡（上图），有着漂亮的楼梯（下图）和迎宾客厅（左图），饰以木质廊柱。

芭塔叶酒庄

CHÂTEAU BATAILLEY

波雅克 Pauillac

布局精巧的满堂古典家具，将客厅装点得美轮美奂，英伦风格的前厅漂亮得宛若塞莱布里阿库娃（Serebriakov，俄国美女画家－译者注）的水彩画。蜂蜡的纯甜暗香浮动，充盈殿堂，向传承有序的家族美德表达着无言的敬意。落地书橱直达天花板，汗牛充栋的典籍书册，琳琅满目，分类均衡，珍籍罕本的古雅装帧足以为最高尚的书厢添色增光。借用酒业的行话："一座应有尽有的完美酒窖。"餐厅的风格与美酒蕴含的情调异曲同工，精美餐具使盘中珍馐增色添香，水晶酒具里荡漾的特选佳酿使人顿感垂涎……卡斯德亚（Castéja）老夫人的谨慎态度，阻断了访客好奇的窥视，让他们略感遗憾。原因很简单，在波尔多，像这样至今仍完整、鲜活地保存着家族传统生活艺术的城堡寥若晨星。两个多世纪以来，这种生活艺术已成为整个梅多克地区的光荣。

与出身于酿酒世家波力家族的老母亲一样，菲利普·卡斯德亚（Philippe Castéja）先生也有着滴水不漏的严谨作风，但风格却迥然有异。他出言委婉，行事低调中庸。在引导访客进入酒窖院落前，他说道："我们这里的建筑确实漂亮。"对酒庄显而易见的王牌"风水宝地"，卡斯德亚先生并没有过多谈论：1942年兄弟分家时，芭塔叶酒庄得到的，是最好的一块葡萄地。在他轻描淡写的介绍中，我们得知，酒庄花园的设计竟然出自天才园艺师巴里耶－德尚（Barrillet-Deschamps）之手，他可是拿破仑三世皇帝和欧仁妮皇后的御用园艺师啊。至于花园中那座曾被人无意截短、带有漂亮金属龙骨的棚架，如果人们知道它的出处，必会感慨不已：它来自1889年的巴黎万国博览会，或许是埃菲尔铁塔的剩余材料……

菲利普·卡斯德亚的父亲埃米尔·卡斯德亚（Emile Castéja）先生率真坦诚，具有他那一代伟大

P243：酒庄入口处，法国国旗旁，飘扬着奥地利国旗，因为老庄主兼任着奥地利驻波尔多领事一职。

MASTER MIND

葡萄种植家超脱豁达的共性。他常常情不自禁地沉浸在对那个感伤年代的回忆之中，一个并不遥远的年代，当时，梅多克地区由来已久的盖世英名销蚀殆尽，80年代的“商业起飞”尚未到来，酒庄的经营管理全靠土办法。老父亲的记忆准确无误，每当提起那段困难时期和“饿死牛”的饥荒年景，他仍旧会感到羞愧有加，心有余悸。老父亲的记忆力非常好，他至今仍清楚记得许多葡萄酒年份的年景好坏，无论年份大小，老人都记得一清二楚……例如，1961年份，是个完美的大年，也正是在这一年，他从马赛尔·波力手中接掌了酒庄；而1974年份则有所欠缺，是个中等偏下的年份。

如今，菲利普·卡斯德亚先生掌管着芭塔叶酒庄，他嗅觉敏锐、讲求效率，这一特点也使他在波尔多列级酒庄协会主席的岗位上表现出色。他深知如何撷取精华，去粗取精，尤其谙熟酒业规范，知道稍有疏漏，必将付出惨痛代价，总之，他是一位天生的外交家，事实上，他的老父亲一直兼任着奥地利驻波尔多领事一职。可以设想，一位称职的外交家没有理由不尽心竭力、忠于职守；他确实已创造了奇迹：多年以来，无论在法国还是全世界，芭塔叶酒一直都是最著名的波雅克列级酒之一。

P245：这里是哲学家蒙田和孟德斯鸠的故乡，酒庄的图书馆汗牛充栋，名闻遐迩，有很多珍罕古籍（左图）。庄内的小酒神像（中图）令人想起德国海德堡的酒铺，这座神像长年保佑着酒庄的城堡（下图）、酒窖和庭院（上图）。

奥－芭塔叶酒庄

CHÂTEAU HAUT-BATAILLEY

波雅克 Pauillac

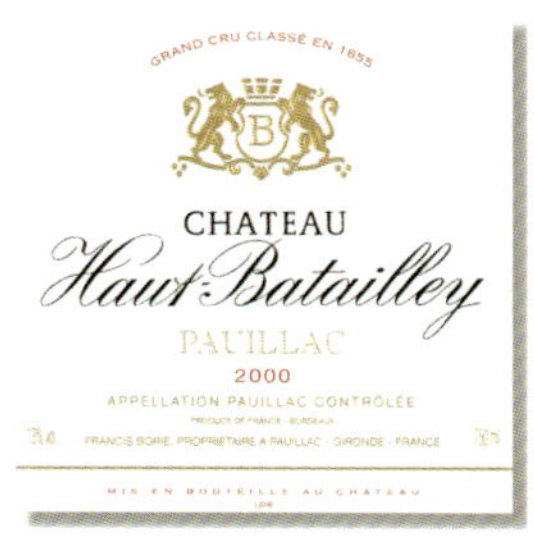

这座酒庄得以获得新生和复兴，完全归功于酒庄主人的努力，令人赞赏。弗朗索瓦－克萨维耶·波力（François-Xavier Borie）先生介绍说："二十世纪40年代，我的祖父意识到需要拥有一家自己的酒庄。那时，他和他兄弟是波力兄弟酒业贸易公司的共同拥有人。为了实现梦想，他忍痛出让了一部分资产，以购买二级庄杜克－宝嘉佑酒庄（Château Ducru-Beaucaillou）。他非常看好这个酒庄，在这里，他可以按自己意愿做事，他的目标是：奉献毕生精力，酿造极品美酒。"

同时，两兄弟也均分了家族共同拥有的芭塔叶酒庄，包括其葡萄园和庄内建筑，祖父名下的那一半，从此被称为奥－芭塔叶酒庄（"奥Haut"在法语里是"上"的意思。－译者注）。他接收并扩建了原有的城堡，同时增建了专业酒窖。巴斯克风格的城堡建筑，至今仍保存完好。在奥－芭塔叶酒庄，最醒目的建筑是建在田间的一座白色塔楼，颇具代表性，充满趣闻轶事，引人遐想。这座白塔线条纤细、浪漫轻灵。当年，酿酒世家阿维鲁家族的女儿们出于对宗教的虔诚，为了向经过此地前往鲁尔德（位于法国南部比利牛斯山的宗教圣地。－译者注）朝圣的人群表达敬意，命人在与林奇－巴日酒庄（Lynch-Bages）接壤的地界上修建了此塔。白塔外观酷似"蛇形"，故名"蛇塔"，它借用"圣女脚踏毒蛇"的旧典，意喻"善良战胜邪恶"。

如今，波力先生对奥－芭塔叶酒庄的经营精益求精，整体提高了酒品质量。在家族产业的总体战略规划下，酒庄的声誉得到极大重视。这一切保证了奥－芭塔叶酒名副其实地成为一款1855年列级酒，并一直占有一席之地。当然，与传统的波雅克酒相比，它酒体更为圆润，更趋女性化。它具有口感柔顺、平易近人、风格细腻的特点，这使它在波雅克酒中显得很另类，或者说，这是一款非典型波雅克酒：南波雅克酒。其善解人意、亲近随和的酒性，使得各家高档饭店将奥－芭塔叶酒始终标注在酒单的醒目位置，以愉悦饕餮之徒。

P246：酒庄的酿酒车间和房舍，是法国西南地区的建筑风格，受巴斯克风格影响。

P248：位于葡萄田间的蛇塔，塔顶有一尊圣女像。它由阿维鲁家族的女儿们出于对宗教的虔诚而建。

岗－皮伊－拉寇斯酒庄

CHÂTEAU GRAND-PUY-LACOSTE

波雅克 Pauillac

山冈、山丘、山峰……这么多的地理名词，都是用来形容本地这些低矮的丘陵地貌。在这片地形起伏的土地上，这种地貌对葡萄田的排水系统起着关键作用，大大提升了庄园的价值。岗－皮伊－拉寇斯酒庄就是如此：它处在一片20多米高的山冈之上，位于波雅克产区的最北端，与圣罗兰村接壤。“拉寇斯”是个家族的名字，这个家族从18世纪初拥有酒庄，直至19世纪末葡萄根瘤芽灾害时期。其间，家族曾出过一位名叫“圣－古容”的著名人物，但对他的评价至今有很多争议。

从1932至1978年，酒庄的全权所有者是一位梅多克酒界的传奇人物：雷蒙·杜班（Raymond Dupin），伟大的庄主，综合理工大学（法国名校，类似中国清华大学。－译者注）毕业生，梅多克列级酒庄联盟主席。他奉行享乐主义哲学，保持着一种高贵的生活方式。这位出身于朗德省公证人世家的酒庄主人，把自己看作是一名乐队指挥，负责总揽全局；至于酒庄经营的具体事务，他则全权委托给了几位被他戏称为“受托人”的酒庄经理。如果有幸得到这位美食家的邀请和款待，就意味着你拿到了进入名庄小圈子的通行证，他会告诉你，对享乐主义的精确理解如何带来优雅与考究的生活。

晚年的雷蒙·杜班有个困扰多年的问题：如何给酒庄找个好人家；最终，他决定把酒庄的薪火传给了让－欧仁·波力（Jean-Eugène Borie）及其儿子弗朗索瓦－克萨维（François-Xavier）：波力家族曾在二级庄杜克－宝嘉佑酒庄（Château Ducru-Beaucaillou）展现了他们的才华。经过两场充满纪念意义的午餐，有关酒庄交接的安排全部谈妥。后来所发生的一切证

P251：城堡一层，舒适的客厅，仿佛还飘荡着老庄主雷蒙·杜班的气息。

明了这一选择的正确性：波力家族使岗－皮伊－拉寇斯酒庄在1980年代获得了大幅扩张；更令人欣喜的是，从90年代初开始，酒庄重新找回了往昔的辉煌，按专家的说法，岗－皮伊－拉寇斯酒的品质已经高于其1855年的排名。

许多年过去了。自1978年起，弗朗索瓦－克萨维就和父亲一起全力投入岗－皮伊－拉寇斯酒庄，当然也同时经营家族的其他酒庄。2003年，这位行事谨慎的家族长子，考虑到未来的遗产继承问题，决定把家族在圣于连产区的酒庄交给他的弟弟和妹妹，自己则来到岗－皮伊－拉寇斯酒庄居住。他在这里总会有一种家的感觉，感到很安心，庄内的小教堂还定期举行家族的洗礼仪式。他重新召回了酒庄的前任经理，后者对酒庄的一切了如指掌，经营起来“如鱼得水”。他非常清楚，该如何依靠其团队对家族正统的忠诚……

这段时期，酒庄进行了一系列重大工程，以改善生产条件。我们永远不能忘记，对波力家族来说，一切存在的根基都是葡萄酒—解放人而不是束缚人的葡萄酒。这位酒庄继承人认为：“从某种意义上说，葡萄酒是一种语言，而且是一种世界性的语言，有点像音乐或体育。我很高兴看到，我的孩子们能理解这一点，他们都认为葡萄酒首先是一种特殊的交流方式，一种对世界开放的特殊方式。”

我们交谈时，我看到一位女士悄然穿过客厅，她看上去很随便，就像在自己家里一样；她从前曾服侍过伟大的杜班先生。对前任庄主的忠诚并不影响她对如今波力家族的喜爱……在这位女士的眼中，我读到了快乐，这在那些等级森严的酒庄内是永远不会有的。

P252：贵族乡间别墅及其附属建筑（左图），一应俱全：酒窖、石雕、老家具和一片天鹅时常光顾的水塘（右图）。

岗－皮伊·杜卡斯酒庄

CHÂTEAU GRAND-PUY DUCASSE

波雅克 Pauillac

在波雅克镇，吉伦特河湾码头上散发着某种海滨的气息——海滨小城所特有的悠闲与乡愁。信步岸边，映入眼帘的小船、渔网、堤坝和远处的小岛，共同组成了一幅清新的原生态画面，与通常所见的梅多克葡萄园风光大相径庭。就在这里，在波雅克镇的中心地带，距镇政府几步之遥，坐落着梅多克地区唯一位于镇内的城堡：岗－皮伊·杜卡斯酒庄。

当然，与奥比昂酒庄不同的是，岗－皮伊·杜卡斯酒庄的葡萄田不在庄内，而是散落在庄外各处，要奔波几公里才能一一找到；其葡萄田主要分为三块：主要地块，在城堡西边，即庄名所指的岗－皮伊山丘上；第二块位于波雅克北部，靠近庞特－卡内酒庄（Château Pontet-Canet）；第三块在南边，紧邻芭塔叶酒庄（Château Batailley），位于圣朗佩高地上。总面积60多公顷，其中葡萄种植面积40公顷。

难道说，这座建于19世纪的迷人城堡只是酒庄的展示窗吗？答案是否定的。城堡的北翼建筑物里掩藏着容量巨大的现代化酒窖，与城堡外观浑然一体，从外边丝毫看不出来。城堡的南翼建筑物里则是酒庄的发酵车间。总之，毋庸置疑，伟大的岗－皮伊·杜卡斯酒就是在这里酿造的。

自1971年起，戈迪埃·麦斯特扎家族（Cordier Mestrezat）成为酒庄的新主人，两位卓有效率的管理者受托管理酒庄。除了喜爱梅多克酒外，这两位经理人还都对苏玳甜酒（Sauternes，产区位于波尔多南部，以贵腐葡萄甜白酒而著名。－译者注）情有独钟，他们都认为：无论梅多克还是苏玳，进入21世纪以来，都酿出了过去从没有过的好酒。除上述共识外，这两位管理者在其他方面则大相径庭，或者说互

P255：谁能想到，这个规模宏大的橡木桶酒窖竟然坐落在波雅克镇的中心？

为补充。酒庄经理阿兰·杜奥（Alain Duhau）是个一丝不苟的人，他充满活力，不爱出风头，当然，这并不妨碍他偶有妥协和机会主义。酿酒师贝尔纳·蒙多（Bernard Monteau）则像是一位艺术爱好者和知识分子，当然，他从来不会忽视酿制美酒过程中的每一个细节；他非常喜爱梅多克，并熟悉这里的一草一木，因而是个“风土”派。他认为，梅多克是个缺少美丽村庄和宏大建筑的地区，多亏有酒庄存在，才有了意外的惊喜。

向世界开放，征服新市场，这些无疑是阿兰·杜奥的工作。多年以来，这位不知疲倦的旅行家执着他的神杖，在遥远的世界各地传道。我们遇到他时，他刚从西伯利亚出差回来，在那里，有个葡萄酒爱好俱乐部，他受到了他们的热情欢迎并惊讶于他们对波尔多酒的了解。阿兰·杜奥对我解释说：“我们要在最意想不到的地方培养起了葡萄酒消费习惯和对葡萄酒的忠诚。长期来看，这或许能使我们摆脱平庸，而这种平庸来自像我们这样的家族所常有的陈规陋习。”不过，杜奥先生大可放心：岗－皮伊·杜卡斯酒庄现在离平庸还很远。

P257：酒庄的城堡风格高雅而含蓄，面向码头（下图），里面隐藏着很多设施，其中包括一个接待大厅（左图）。

林奇－巴日酒庄

CHÂTEAU LYNCH–BAGES

波雅克 Pauillac

“巴日”是个迷人的小村，位于波雅克入口处。70多年来，这里上演了一段传奇史诗，其主人公就是卡兹家族（Cazes）。林奇－巴日酒庄最初属于一个名叫“林奇”的爱尔兰家族，后来日渐衰败。为酒庄带来辉煌的是卡兹家族，他们来自法国南部的比利牛斯山麓，祖祖辈辈都是“山里人”。在工业革命时期，家族的先祖让（Jean）离开了世代居住的山村，下到平原，寻找自己的梦想。

他在梅多克的葡萄田里留了下来，决定在这片神奇的土地上安置自己的小家！当时，他居住的小屋紧邻碧尚－龙维酒庄……他有个执拗的小儿子叫让－查理（Jean–Charles），娶了面包师的女儿为妻，耕田教子；在让－查理的子嗣中，儿子安德烈（André）后来在1950年代很出名，是当地的一名保险代理人。

1933年，让－查理应聘承包了林奇－巴日酒庄，当时的酒庄主人维亚尔将军真是慧眼识人啊。在让－查理打理下，靠着酒商世家克鲁斯家族的帮助，酒庄业务得到了飞速发展。1939年，卡兹家族终于有能力买下了林奇－巴日酒庄，在这个充满成功与责任的神圣旅途上迈出了第一步。

安德烈在波雅克镇长的位置上干了42年。他积极主动，善于交际；在战后那段时期，他联合周围的庄主，共同组建了梅多克美酒骑士团（Commanderie du Bontemps de Médoc）。此举促进了本地葡萄酒在法国和世界的推广，而且，50年代的几个好年份也充分证明了本地酒质的提升，这一切都帮助本地酒庄终于把多年存酒销售一空。

下面轮到的，是家族的第四代传人让－米歇尔（Jean–Michel）。他在1970年代的困难时期接手酒庄。当时，酒业的现代化之风大有颠覆一切的架势。让－米歇尔原本是位工程师，而且还是个电脑工程

P258：酒庄内小小的私人博物馆，反映出庄主让－米歇尔·卡兹对酒业传统的喜好。

43
44

师，这在酒业内很前卫。这位巴黎人充满活力，满脑子奇思妙想，他听从内心的召唤，决定像先祖让（Jean）一样，离开“故土”，来到梅多克。就像爷爷让－查理一样，他懂得享受一切，无论是美味的菜肴，还是上好的面包；同时他又像父亲安德烈，有着灵敏的商业嗅觉和与人交往的热情：他继承了家族的优秀基因。

让－米歇尔带领着一支年轻而朝气蓬勃的团队，使林奇－巴日酒焕然一新，重归辉煌。他们的酿酒口号是：“追求尽善尽美。”借助林奇－巴日酒庄的声望，家族还推出了一系列附加业务，例如：位于波雅克镇内的四星级饭店“城堡驿站”，其餐饮水平在当地独占鳌头；位于波尔多市内的餐馆“美味鸡”（Chaponfin）获得米其林三星，找回了昔日的荣光。

让－米歇尔相信，葡萄酒的背后有个大世界，它融合了地理、历史、文化和生活艺术，为此，他创办了波尔多葡萄酒学校，以便向世界各地的人们传播正确的葡萄酒知识。而如今……

如今，这个小村正试图恢复前辈的美好记忆。让－米歇尔重新买回了酒庄的城堡，还亲自勾画了一个咖啡馆的设计图，包括过去曾有过的大露台；他还想兴建一个带顶棚的小市场；市场修建之初，一定会有一个面包店，在那里，可以找到鲜美可口的水果蛋糕，这可是奶奶当年最拿手的……

P261：爬满藤蔓的观景亭（上图）与现代化的不锈钢发酵车间（左图）和谐相处。

林奇－慕萨酒庄

CHÂTEAU LYNCH-MOUSSAS

波雅克 Pauillac

遥想当年，西班牙国王一行，驾着老旧汽车，号角齐鸣地来此狩猎，茂密的灌木林中，山鹬乱飞……在那段悠闲的美好时光，林奇－慕萨酒庄曾是国王狩猎时的行宫，每年几次，周而复始；但应该说，这里首先是个家族居所。经过一番彻底整修，酒庄城堡变得朴素而高雅，屋顶的圆锥塔透出一丝顽皮；这种闲散舒适的情调，是我们通常在英国的乡间别墅才能见到的。25年以来，这座“用来生活”的城堡一直是卡斯德亚夫妇（Castéja）的居所，300年来，卡斯德亚家族在波雅克葡萄酒界大名鼎鼎。

在拿破仑的第一帝国时期，林奇伯爵曾担任波尔多市长，他当时的乡间别墅就是这里；而且，他最后还在这里的某间卧室内驾鹤西去……当年，另一家林奇酒庄林奇－巴日酒庄（Château Lynch-Bages）也属于他。林奇－慕萨酒庄位于波雅克产区的西南边缘，与波雅克镇的河港距离不远。1855年分级时，它属于一个叫“瓦斯凯兹”的西班牙家族，被列为五级酒庄。第一次世界大战后不久，经过一系列的机缘巧合，酒庄最终归属于了卡斯德亚家族。

1971年，埃米尔·卡斯德亚（Emile Castéja）接手酒庄，他当时正在打理家族产业—波尔多著名的葡萄酒贸易公司波力－马努公司（Borie-Manoux）。酒庄有55公顷的葡萄田，与家族的另一份产业芭塔叶酒庄（Château Batailley）接壤，此时，酒庄已经有50多年处于停滞状态。埃米尔·卡斯德亚大兴土木，制订了一系列目标来追赶领先的酒庄同道；他当年力推的现代化举措，今天终于有了回报。

现在，他的儿子菲利普·卡斯德亚（Philippe Castéja）成为了酒庄的新主人，他同时还兼任1855年列级酒庄协会的主席。他全力以赴，务求酒庄跻身顶级美酒之列。今天，看看酒评，林奇－慕萨酒庄

P263：大理石廊柱，仿石墙砖，高大的双层木门，这些都令城堡客厅显得雍容华贵。

的“复兴”得到了大家的一致称赞，可以说，菲利普·卡斯德亚先生圆满地完成了自己的使命。大家一致赞许林奇－慕萨酒：酒色深红，酒香细腻，口感优雅，是款出色的波雅克酒。对此品评，菲利普·卡斯德亚先生表示认同：“人们终于看到了真正的林奇－慕萨酒，格调高雅，细腻柔顺，是一款饱满而平衡的好酒。”

P265：酒庄城堡有着可爱的花园和漂亮的外立面（左图），它规模适度、装饰宜人，充满舒适的生活气息，令堡内的酒窖（上图）和周围的葡萄园浑然一体。

杜扎克酒庄

CHÂTEAU DAUZAC

玛歌 Margaux

“时不我待”，是波尔多酒业泰斗吉内斯特老先生的座右铭，安德烈·卢顿（André Lurton）把它借用过来作为自己的格言，他是波尔多葡萄酒业的旗手之一。作为酒庄的经营者，他非常清楚，耐心、成熟和时机，对酿出一款极品葡萄酒意味着什么。幼年时，他深得外祖父教诲，很早就懂得了其中的道理，如今，这一理念给杜扎克酒庄带来了奇迹，曾几何时，这座酒庄经历过多少痛苦和变迁。

安德烈·卢顿先生麾下酒庄众多，他的大名因此远播各大洲，其独到的经验也成为酒质的最佳保证。正因如此，位于尼奥尔市的法国教师相互保险集团（MAIF）领导层，在1992年9月决定将集团拥有的一座酒庄全权委托给卢顿先生经营，这就是杜扎克酒庄。

作为受托人，收到委托建议后，卢顿先生曾反复考虑，有些犹豫。因为，此时的卢顿家族已在玛歌产区经营多年，而且一帆风顺。卢顿先生须分外认真，绝不能大意失手。在挑战面前万不可退缩，对成就的渴望压到了对失败的恐惧，经过深思熟虑的长考，卢顿先生终于接受了委托。

于是，酒庄以聘请管理公司的方式，把卢顿先生请来打理酒庄。酒庄在第一时间就感受到了新经理的到来。卢顿先生至今记得，他刚到酒庄时，正赶上1992年的葡萄采摘，他亲临第一线指导督促采摘，以保证当年的收成。

12年后，杜扎克酒庄重新找回了自己的光荣，再一次达到巅峰状态。葡萄从种植开始直至最后装瓶，每一道工序均经过严格检验和严密督查。翻新后的发酵车间和酒窖极大改善了酒品质量。陈酿酒窖经过重新装修，几百个橡木酒桶排列得整齐划一，如阅兵方阵。卢顿先生注重细节，品酒室玻璃墙板上的反射日

P267：酒庄账簿上，关于使用“波尔多液”的最早记载。

129

Journées, Vendanges, Voyages

Septembre 1912

Octobre 1913

Décembre 1913

Août 1914

Septembre 1914

Dauzac

Rapport du 15 Février

光是否过于强烈？是否有一点遮避了酒窖的视觉效果？命令下达，大家马上采取补救措施……

说到底，管理团队的宏图大志是，让杜扎克酒庄重返辉煌，无愧昔日的显赫声名。因为，关于这个酒庄，有大量历史文献保存至今，实为罕见。其之所以成为列级酒，有着古老的历史原因。早在12世纪，这里就是波尔多圣十字修道院的属地，当时就已经种植了葡萄，当然，这里正式栽种葡萄的历史始于18世纪中叶，酒庄的第一次辉煌是在法国1814年～1830年的王朝复辟时期，当时的酒庄主人是林奇先生。

在酒庄历史上的著名人物中，不能忘却的是，米亚尔代教授和酒庄当时的主人爱内斯特·戴维：1885年，两人共同发明了伟大的“波尔多液”，将石灰和硫酸铜合理搭配，制成杀菌剂，拯救了整个欧洲的葡萄树种和制酒业，成功击退了来自美洲的霜霉病。杜扎克酒庄的如此成就绝非孤立和偶然，它一直是酿酒业的先锋，一座常变常新、生气勃勃的创新之庄。时不我待……

P269：城堡背后的原生态景象（右图）。酒窖的灯光照明像剧院一般，设计非常大胆。

达玛雅克酒庄

CHÂTEAU D’ARMAILHAC

波雅克 Pauillac

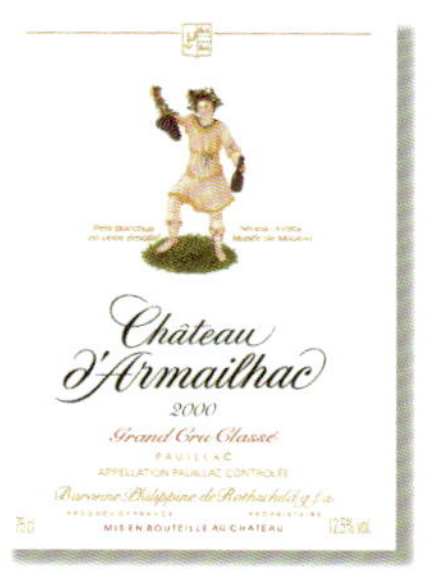

酒庄城堡的建筑风格有些奇特，我们宁愿相信它是有意而为的结果，而非偶然。当年，修建城堡时，其周围的50多公顷葡萄田还没有成为木桐酒庄的卫星酒庄，我们只能猜想，这座建筑在当时修建，完全是一种巧合；受到某种条件限制—我们不难想象的原因，建筑一直没有完工……我们如今看到的，是城堡的半面正墙，非常漂亮，一半被切削得整整齐齐，似乎是某位另类的建筑设计师所作的设计试验。

17世纪末期，这块土地原本属于两位自称“吉伦特河水手”的阿玛雅克兄弟（Armailhac），这里看不见一株葡萄树的踪影。直到18世纪中叶，在多米尼克·阿玛雅克担任庄主时期，这里才开始有了成排成片的葡萄树。其后近一个世纪，阿玛雅克先生的子孙们，不断增加种植面积、改良葡萄品质。再后来，在七月王朝（1830年～1848年）末期，天赐机缘，酒庄归属于某位达玛雅克夫人（Mme D’Armailhac），她与作为家族长子的前夫离婚后，酒庄成为划归她名下的财产。1855年分级制度实行时，达玛雅克酒庄能位列五级，完全归功于这位夫人，此后，酒庄一直努力捍卫这一殊荣。酒庄的葡萄种植面积最多时达到70公顷，位于帕纳－木桐和皮布朗两家酒庄之间。

法兰西第三共和国创立初期，这位夫人的女婿费朗伯爵成为庄园的共同拥有人。他决定用自己的方式彻底翻建城堡，以壮观瞻，使酒庄建筑不负达玛雅克酒的声望，只可惜，其计划中途夭折。1930年代初期，这座看起来残缺不全的城堡庄园引起了菲利普·德·罗斯柴尔德男爵（Baron Philippe de Rothschild）的兴趣。自1924年以来，男爵一直领导着一级庄木桐酒庄的经营。这位脾气火暴的年轻企业

P270：聪明的摄影师，他为城堡选取的拍摄角度令人充满遐想，给人以城堡完工的错觉。

家先以小股东身份进入这个阿玛雅克家族的产业，并在1933年买下了全部酒庄。1934年，费朗伯爵撒手人寰，菲利普男爵理所当然地接管了酒庄。他扩建生产用房，安置必要的酿造设备，供本酒庄和木桐酒庄两家之用。酒庄还有个漂亮花园，树影婆娑、茶花甬道，它给缺少奇花异草的邻居酒庄木桐庄增色不少。至于隶属酒庄的小公司“波雅克酒业公司”，男爵在购买酒庄时也一并收入囊中，成为“罗斯柴尔德男爵股份公司”的一部分。

第二次世界大战结束后的整整20年间，达玛雅克的“半个城堡”一直是男爵本人的居所。自1956年起，本酒庄出品的酒均以菲利普男爵姓氏为酒标，后来，为了向菲利普男爵的夫人保利娜女士致敬，酒庄又采用了菲利普男爵夫人的名字，此时，达玛雅克酒的酒标上，写的是“菲利普男爵夫人木桐酒庄（Château Mouton Baronne Philippe）”。直到1989年，男爵的女儿菲莉嫔女男爵（Baronne Philippine）终于决定，将这款波雅克上品葡萄酒的名称归还给原酒庄，这一名称曾在达玛雅克家族时期长期使用。从此，达玛雅克酒庄的名号物归原主，新的酒标上是一座18世纪的罗马酒神像，神像产自法国瓷都纳韦尔，由彩色拉丝玻璃制作，原物被收藏在木桐酒庄的葡萄酒艺术博物馆中。

P273：挂满盾形纹章的酒窖前厅，大厅深处的酒神像，令人隐约感受到木桐酒庄的风格。

杜·黛特酒庄

CHÂTEAU DU TERTRE

玛歌 Margaux

酒庄的命运与人类的宿命有几分相似：大多数人，日子过得平凡正常；少数人则运程伟大，在福星护佑下降临人世，天降大任，永不迷失自我，迭遭屈辱而百折不回，历经考验而更加强健美丽。杜·黛特酒庄无疑属于后者，属于少数。世事变迁，命运多舛，但这不是敷衍做事的借口；数年之间，酒庄已从灰烬中浴火重生，再现了往昔的伟大，达到了历史上从未达到的高度。

从中世纪算起，杜·黛特酒庄像走马灯一样频繁易主，就像莱波雷洛（Leporello，莫扎特歌剧《唐·乔瓦尼》里的仆人。–译者注）朗读的长长名单。其中最著名者，在16世纪，有蒙田——那位伟大哲学家的弟弟；在17世纪，有名扬四海的“葡萄王子”西古侯爵；在18世纪，有皮埃尔·米切尔，第一个波尔多葡萄酒瓶制造者；在19世纪，有德国萨克森州驻法大使柯尼希斯瓦特……到了20世纪，酒庄辗转归属于德·维尔德家族，一个来自比利时根特地区的酒商。1960年，三级庄加隆·西古酒庄（Calon Ségur）的主人卡贝–加斯克顿先生接手买下了酒庄。当时，这里的葡萄园已经“撂荒”，疏于管理的葡萄树还不如疯长的茂盛野草，所谓的城堡连“盖子”都被人掀掉了。满目疮痍的葡萄园高悬在梅多克的砾石圆丘上，种植面积与1855年列级时相比缩减不少。

作为酒庄的“幸运星”，新主人当即着手挽回颓势，使摇摇欲坠的酒庄得以勉强支撑，并略有起色。复兴的过程相当漫长，直到1997年，酒庄才再一次改变面貌。要改变面貌，需要大笔的金钱和一份爱心，二者不可或缺。在荷兰实业家若杰斯玛（Eric Albada Jelgersma）的强力推动下，奇迹出现了，这位新庄主

P275：城堡在翻修过程中，对内饰投入很大精力。

立志让酒庄重现辉煌。

安置各类酿酒设备的工房，里里外外都得到扩建，布局更为合理，容积更大，具有实用性，风格宏伟；为了突出美感，新庄主还在城堡墙面之外增建了列柱拱廊……

此外，城堡本身也得到彻底翻建，不仅如此，主堡两边还修建了侧翼建筑，这个计划从18世纪起搁浅至今，这次终于完成。城堡四周也进行了翻建，建起一座设计风格大胆的漂亮花园，亭台楼阁错落有致，伴以一片水面，一切都如隐秘乐土，比大自然本身还美。

内部的精致与外观的雄伟一样引人入胜，玛丽－路易丝·阿尔巴达·若杰斯玛（Marie-Louise Albada Jelsersma）强烈的个人风格，一眼就能认出，她主导了城堡的主流装饰风格，这是一种北欧或者干脆就是瑞典的简约风格，房间、走廊、客厅、花园……她的审美无处不在。原色木质与棉织物搭配，晶莹水晶与珍石相映，“极简艺术”风格的家具，这一切都表现出一种高贵的舒适和童真的稚气。体会这里的平淡安祥，一方令人乐不思蜀的“安乐乡”。

杜·黛特酒庄，就像来自遥远的地方。看着今天的酒庄，我们确信，它的设计必定出自某位对花园别墅、葡萄园和生活有着深刻感悟的高人。

P277：经过彻底翻修的城堡（左图）。酒庄花园（中图）、考究的客厅和客房（上图和下图）。

奥－巴日·里贝哈酒庄

CHÂTEAU HAUT–BAGES LIBÉRAL

波雅克 Pauillac

世纪交替那一年，克莱尔·维拉－卢顿女士（Claire Villars–Lurton）完成了和丈夫伉俪同行的朝圣之旅，此行为期四周，目的地是西班牙的宗教圣地圣雅克。旅途归来，她决定远离诸多的家族酒庄，从此专心投入于家族的两大列级酒庄：费里埃酒庄（Château Ferrière）和奥－巴日·里贝哈酒庄。这是个正确的选择，因为酒庄正步入成熟期。短发下的脸庞清纯亮丽，目光快乐而刚毅，这位充满活力的年轻女性正是新生代庄主的理想代表，他们摒弃陈规陋习，为酒业注入激情，使其面貌一新。

她说："在本地生产一种美酒并非难事。我们施于土地的，土地必以十倍奉还。波雅克这片宝地之慷慨，让我一直深感惊奇，从这个角度说，这里酿酒真是太简单了！"话虽这么说，但需要提醒这位女庄主的是，不能忘记，年复一年对葡萄园的精心照料，对设备的维护，都是这一成功必不可少的因素。近几年来，酒庄进行了一系列重要建设，两个状态良好、照明优良的发酵车间拔地而起，各种尺码的水泥发酵池一应俱全；正在扩建的酒窖里，错落码放的橡木桶，几乎堆到英式风格的天花板……城堡整体上体现了当代美学的审美，酒窖间几扇浮华情调的彩画玻璃窗所呈现的优雅，与因风吹日晒而变成青绿色的表面粗糙的黄铜饰件，相得益彰，惹人关注。

在卢顿女士的长辈中，有一位非凡的让·麦尔洛叔叔，他是卢顿女士在事业上的"教父"，虽灵敏机变、温文尔雅，但也会坚持己见不妥协。卢顿女士承认说："他对我要求严格，让我努力达到他的期许，我今天的勇往直前、直面挑战，我叔叔在其中起到很大作用！"叔叔的谆谆教诲，充满人文主义色彩，影响很大，连古贺·拉浩斯（Gruand Larose）酒庄的庄主也从中受益匪浅，成为卓越的领导者。卢顿女士接

P279：酒庄两处房舍间的管状顶棚，赋予酒庄某种现代风格。

Sylvain

着说："归根到底，就是要充分依靠那些热爱这个职业、充满激情的人，在如今这个时代，社会对这些体力劳动者不太公正，没有给予足够的重视。"

对葡萄种植来说，人的因素非常重要，怎么说都不为过。这里所说的"人"应该有能力、勤勉，又充满激情，这些是保证一款伟大葡萄酒取得成功的必要条件。

因此，为了培养酒庄的人们具备这些优点，酒庄在自己的地界内建起了一座葡萄苗圃，专门用于研究。卢顿女士说："我们一直希望热爱葡萄的人加盟我们的事业，当然，我们也会给他们创造最好条件，让他们不断进步。有时遇到的困惑是，我们辛苦培养起来的葡萄酒专家却被别人挖走了……"但是，这难道不是自由竞争的副产品吗？

在男性占主导地位的葡萄酒世界，克莱尔·维拉－卢顿女士尽管年轻，但实际上更具优势，这不仅限于与外界打交道的商务关系上。女性所特有的心理、严谨和直觉，与她刚开始就读的化学专业相比，似乎更加有用，使她工作起来得心应手。少些知识，多些激情，正如法国哲学家罗兰·巴特对拉丁文"智慧"一词的诠释，"智慧"就是：少许知识，很多聪慧，尽量多的嗅觉。

P281：酒窖的橡木桶排到屋顶，不留一点空隙，不便搬运（左图）。全新设备的发酵车间（下图），是酒庄最新修建的（上图）。

贝德斯科酒庄

CHÂTEAU PÉDESCLAUX

波雅克 Pauillac

1996年末，当于格拉家族（Jugla）的第三代庄主接手贝德斯科酒庄时，这家五级酒庄已经多少有点黯然失色。大家仍然清晰记得，家族的第一代庄主是吕西安·于格拉，他在1950年买下酒庄，并亲手经营了差不多20年：其人格魅力完全浸透了这方土地。他机敏而不狡黠，行事谨慎，对未来的规划缜密周详。他让酒庄获得了新生，其理念深刻影响了酒庄，至今仍被奉为酒庄的守护神；他的质朴单纯和思路开阔，至今仍受到广泛赞扬。然而，1990年代，贝德斯科酒庄再次陷入危机，1947年让酒庄几乎破产的幽灵似乎又要再次降临……

大多数企业，在发展过程中，都经历过这样的困难时刻，这似乎是一种规律。关键时刻，必会面临艰难的选择；1996年，“二选一”的题目摆在于格拉家族面前，或迅速崛起，或关门大吉？最终，家族选择了前者，换而言之，他们选择了一条荆棘密布、危机四伏的冒险之路。

首先面对的困难就是，家族不得不在几个战场，同时展开不同战役，涉及酒的买卖与酒庄的生产经营、添置设备与酿造方法之改良等等，数不胜数……这没什么了不起：家族继承人布里吉特（Brigitte Jugla）和德尼（Denis Jugla）临危受命，四面出击。自此，在酒庄的各个施工现场上，都能看见他们两人的身影：一幢幢外观俊秀、内设完备的建筑逐一完工，限产保质的疏剪葡萄行动也开始了，预发酵的浸泡被有条不紊地进行，酒庄的设备也日趋完善。

迅捷而正确地调整作战方向，是一切战役取得胜利的关键。战果随之而来，酒庄的2000和2001两个年份酒重新恢复到历史最佳水平，随后的几个年份酒，也被挑剔的酒迷们赞誉有加。

如今，昨日的战士们回首往事，惊诧地发现，暴风雨已经过去；于格拉家族的年轻一代准备满怀热

P282：酒庄城堡昔日的图景，在不久后翻新的城堡也会如此。

情地迎接新挑战。下一步着手的，应该是文化项目、探讨事物本质、重塑酒庄身份。这一切，应从重修城堡、提升其价值入手：这座古堡曾被不公正地冷落多年，其漂亮的房间七零八落，精致的装饰残缺不全，仿佛遭到命运之手的粗暴蹂躏。在重建工作中，最重要的是，必须保持原有风格，古堡的象征意义也正在于此。

古堡修葺完工后，布里吉特和德尼还有一个更宏伟的计划，就是在城堡内重修著名的五间漂亮套房，每间套房都代表着一种感官享受，这是幸福生活的保证。这真是个好主意：它将帮助酒庄未来的客人们发掘出美酒佳酿的潜能—很多名酒都忽略了这一点。在这里，这些美酒被客人们耳听、眼观、鼻嗅、品尝和思考……总之，人们发明的这些手段，都是为了探究葡萄美酒的复杂、饱满和深奥。

P285：赋予城堡以五官享受，真是一个可爱的想法。

百家富酒庄

CHÂTEAU BELGRAVE

上梅多克 Haut–Médoc

百家富酒庄的60公顷葡萄园，整齐划一，连成一片，紧邻圣于连产区；当年阴差阳错地被划归"上梅多克"命名产区，让它颇有几分纡尊降贵的感觉。二战后一段时期，这家五级酒庄的某些年份酒不尽如人意，拖累了酒庄的名声，使其逊于自己的近邻；然而，如果说酒庄状况一直如此，则有失公允，因为，如今的酒庄已今非昔比。

1979年，波尔多"都特酒业公司"成为百家富酒庄的新主人，从此，酒庄在生产经营方面取得了长足进步。一段时间以来，国际媒体曾多次将百家富酒评为"我的最爱酒"之一。业内人士一致认为，该酒庄的生产已恢复一流水平。巴黎不是一天建成的，谁是这一复兴的开创者？让－马力·沙德罗尼耶（Jean-Marie Chadronnier），非他莫属。为了重返辉煌，百家富酒庄花费了大量时间，整个过程可分为几个阶段：先是拨乱反正，然后不断爬坡和进步，最终重返巅峰。

从1979年到1985年，这段时期是拯救危局、奋起直追阶段，"避免局势进一步恶化"。为了达到这一目标，必须立刻对葡萄种植和酒窖管理采取措施。"尽量减少损失！"成了酒庄新团队的第一个口号，虽然不太提气，但在当时非常必要。

从1985年到1990年代之初，是"重建质量"的阶段。首先，对葡萄田的管理大大加强了：疏浚排灌系统，限产保质，除叶，疏果……随后，酿酒大师米歇尔·罗兰（Michel Rolland）参与进来，起到决定性作用。说起这位在关键时刻到来的酿酒顾问，让－马力·沙德罗尼耶解释道："他首先是一位朋友，我喜欢他酿的酒。"

P287：在人造鹳的目光中，冬日的花园仍不失其优美。

BELGRAVE
Lot 11
Lot 11
22 10 03

从1990年代初开始，百家富酒庄的历史翻开了新的一页：复兴大业的主持者开始着手美化酒庄；看得出来，酒庄已安然度过危机。城堡本身的重建和整修工程开始了，此前很长时间，大家一直没顾得上。风水轮流转……“从1990年起，我们更像是葡萄种植者。”在百家富酒庄，沙德罗尼耶先生看到，经过限产的葡萄树终于重新得到了精心呵护，这才是诞生伟大葡萄酒的唯一基础。按照沙德罗尼耶先生的说法，“可以说，从1994年起，我们已经达到了随心所欲的程度，能酿出我们想要的好酒；我们可以摆脱依赖，完全按自己的意愿行事……”辛劳终有报偿，2004年，酒庄新建的陈酿酒窖开始启用，当年的酒也获得了大奖。

如今，大家公认，百家富酒庄已重新具备了其1855年分级时所应有的水平，甚至有过之而无不及。这桩了不起伟业的实现，用时只有20年多一点的时间。如此成功必然会招致某些疑问，人们有理由认为：起步时的艰难，必会激发出人的全部潜能，以奋力达到终点，百家富酒庄的成功大概就是得益于此。这正是“因弱而强定律”的永恒价值所在，它使人们必会走得更远，看得更高，最终超越自我。

P289：百家富酒庄的复兴，伴随着对城堡内外的整修（左图及本页图）。

卡梦萨酒庄

CHÂTEAU CAMENSAC

上梅多克 **Haut-Médoc**

前不久，“泰国航空”班机开始在空中为旅客提供卡梦萨酒，空姐们笑意迎人地斟满一只只玻璃杯。这款葡萄酒还在北欧诸国的一些豪门富户家中十分受宠。请务必相信，这款酒虽然列级仅为五等，但丝毫无损于它在世界范围内所赢得的赞扬。当今的法国及国外各专业杂志报刊纷纷撰文分析，这支源自上梅多克的佳酿备受好评，霎时美名传扬。诸多酒业年鉴也极为关注、轮番推荐；就连酒评家美国人罗伯特·帕克（Robert Parker）也是赞赏有加，他的酒评在大西洋彼岸和全世界可都是一言九鼎啊。例如，他对卡梦萨1997年份酒的评语是：“极为惊艳的杰作。”

这些不容置疑的成功，并没有让福尔内家族（Forner）飘飘然，该家族自1964年以来一直是酒庄的拥有者。对酒庄真正的主人爱丽舍·福尔内（Elisée Forner）先生来说，这一切还远远不够。福尔内先生本人对种种赞誉从不在意，他素来行事审慎，极富忧患意识，这是他那类大师级人物所共有的特质，他们通常毕业于古老学府，强烈怀疑一切可以轻松得到的东西。他解释道：“我们这一行的高贵之处在于，对众多细节的关注。在众多的细枝末节中，有些看起来是次要的甚至是附带的东西，往往被轻易忽略或放弃，但请注意，仅此一点即能决定成败，因为任何细节都不得忽视。相反，一点一滴最微小的细节叠加在一起，最终将形成彻底的不同。”

40年前，福尔内先生购买卡梦萨酒庄时，这里正面临困境。葡萄田破败荒芜，再无力制造与列级酒庄身份相符的好酒，一切均需从头再来，这多亏了酒业权威佩诺教授的大力帮助和建议。这位酒界奇才的大胆建议出乎所有专家意料：在所有的地块上，只栽植

P290：这座建于18世纪的城堡，历经多次翻修。它在晴朗天空下的景象，很符合酒庄的精神。

两个葡萄品种——赤霞珠和梅洛；从此，伟大的卡梦萨酒诞生了，它采用60%的赤霞珠和40%的梅洛，只此一举，卡梦萨酒庄便得以重生。福尔内先生充满怀念之情地补充道："他知道应该做什么，佩诺教授是一位伟大的人物，他学识渊博，我们从中学到了很多精华。只可惜，他们那批人都已逝去。"

今天，卡梦萨酒庄呈上升态势，酒庄葡萄园面积从10多公顷增加到几乎70公倾，大部分环绕在城堡四周，紧邻百家富酒庄和拉图·嘉内酒庄的葡萄园，所以说，这片地很大。生产装备已臻完善，方形水泥发酵池极大满足了使用者的要求。建于18世纪的古老城堡从未像今天这般亮丽，外观与内饰相得益彰……无尽的耐心、悠长的岁月。凭着一种智慧和寓言家般的简练，福尔内家族一点点地创造出奇迹。他们的成功充分证明，在这片葡萄种植之乡，坚韧、专注和严谨，一直是最重要的美德。

P292：城堡客厅内舒适的现代派风格，令到访者惊讶（右图和上图）。酒窖内的工具（中图）和田间的百年老树（下图）给人以和谐之感。

科·拉博利酒庄

CHÂTEAU COS LABORY

圣爱斯泰夫 Saint-Estèphe

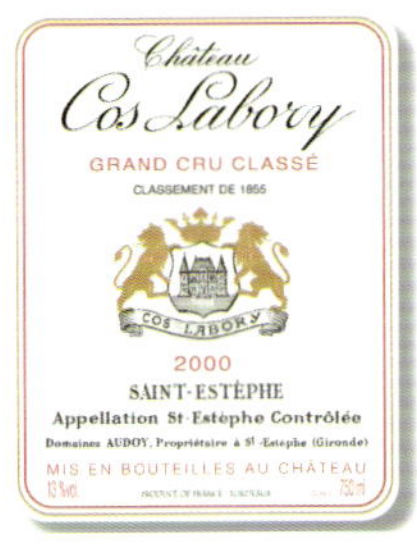

"小即美丽"。在列级酒庄的世界里，有一种强烈的倾向：大家更偏爱超大的规模、辽阔的面积、宽广无垠的葡萄园，因此，雄伟的酒庄城堡，硕大无朋的酿酒设备和一望无际的葡萄园，有时让庄主们倍感自豪。殊不知，规模适中的酒庄也能孕育辉煌，"小酒庄"并不是平庸的同义词，科·拉博利酒庄就是如此。与紧邻的二级庄科·埃斯图耐尔酒庄（Château Cos d'Estournel）相比，它规模不大，但却以别样的方式维护着自己的尊严与骄傲。

此地，了无奇观，无"大"可言：城堡高雅小巧，主人累世安居；酒窖大小适中，经过30年持续的技术改造，性能良好；18公顷葡萄田不多不少，与酒庄和谐一致，一如酒庄的经营风格：克制、安详、睿智。酒庄所有人之一贝尔纳·奥杜瓦（Bernard Audoy）直言不讳地说："我们有一小块地，我本人就是农民，我必须时刻参与酒庄的葡萄种植和经营。"

在迎合潮流、投机取巧方面，科·拉博利酒庄远不如其他酒庄。虽然有段时期名声不够响亮，如今的科·拉博利酒已经成为市场上性价比最好的葡萄酒之一。但这并不意味着，它是刻意的媚俗之作，或者说，是一款简单的酒。贝尔纳·奥杜瓦先生毕业于波尔多葡萄酒学院，他着重说明："我本人不大赶时髦。"在对葡萄品种的选择中，他也不改传统作风。他说道："现在的趋势是，提高梅洛葡萄的调配比例，到处都是如此。我本人倒宁愿增加赤霞珠的比例，这样，酿出的酒会更有架构，利于陈年。"正因如此，与其他列级酒庄相比，科·拉博利酒更忠实于圣爱斯泰夫命名酒的特质和传统。

P295：这个规模适中的城堡有一种贵族气质，它紧邻梦幻酒庄科·埃斯图耐尔酒庄。

COS
LABORY

ATTENTION

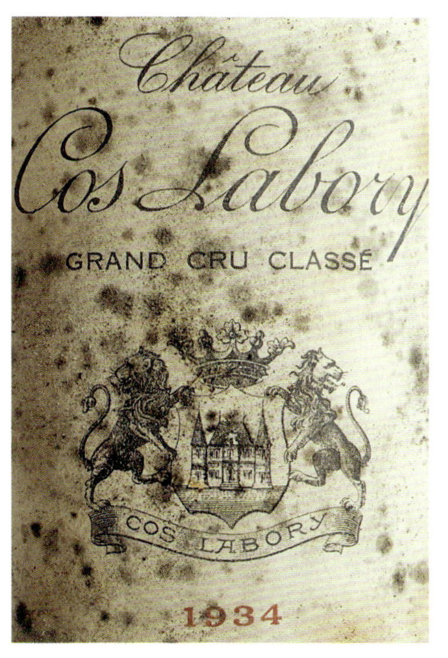

“饮者之所以欣赏我们，是赏识我们的单纯。”奥杜瓦先生强调说。在他看来，谦逊是一个好酒农首先应具备的宝贵品德。自1922年以来，这种品德一直在这里被发扬光大。那一年，一个阿根廷家族成为酒庄的新主人，他们将家族成员乔治·韦伯派到法国照看酒庄。他的女儿赛茜尔·韦伯（Cécile Weber）后来嫁给了弗朗索瓦·奥杜瓦（François Audoy），1959年，她从南美洲表兄弟的手里买下了科·拉博利酒庄。总而言之，这里发生过一段近乎传奇的美丽故事……如今的贝尔纳·奥杜瓦先生是她的儿子。

或许是家族基因的影响？或是一种根深蒂固的精神？这里的人们审慎、认真、勤勉，与酒庄的朴实无华完美契合。在如今这个虚张声势和粗制滥造盛行的年代，科·拉博利酒庄一直保持着节制、严谨和理性，独具风格，自成一派。

P297：“发酵车间的典范”，干净、雅致、简洁。

米龙修士酒庄

CHÂTEAU CLERC MILON

波雅克 Pauillac

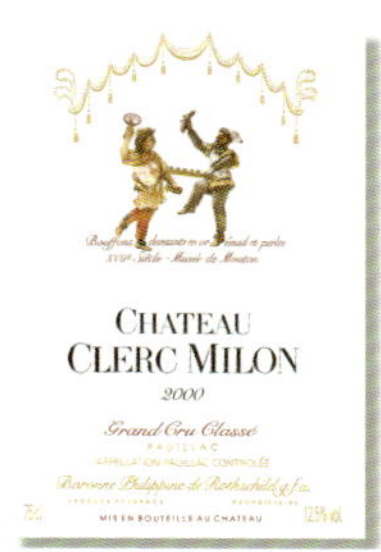

1855年列级酒庄评选时的咄咄怪事：米龙修士酒庄仅被评为五级，但它的葡萄田却正好镶嵌在两家一级酒庄的葡萄田之间，这两家就是拉斐酒庄和木桐酒庄。米龙修士酒庄遭受的这一有悖常理的古怪境遇，着实令人匪夷所思；如同一间能提供无可挑剔美食的迷人乡下小店，却被两大闻名世界的饮食巨头左右钳制。或许，小店自己的声誉能借此攀龙附凤、水涨船高……

1970年，菲利普·德·罗斯柴尔德（Philippe de Rothschild）男爵买下了米龙修士酒庄，它与木桐庄虽近在咫尺，酒质却有天壤之别。英勇无畏的男爵雄心勃勃，希望把他半个世纪以来在木桐庄积累的全部经验，移植到这个新酒庄来。从此，男爵的团队开始了在米龙修士酒庄的辛勤劳作：他们合并零散地块，翻新葡萄田，重新审视葡萄品种，更新和添加酿酒设备—酿造极品美酒所必需的设备，这一切的开始，是新建了一座具有当时最先进科技水平的发酵车间。

如此这般的精心营造，不会没有回报。数年之后，米龙修士酒庄重新恢复了旧时的荣光，酒质重返五级庄水平，当之无愧；大家甚至一致认为，它应该具备了二级庄的水准。

酒庄如今的主人是菲莉嫔女男爵（Baronne Philippine），她对米龙修士酒庄宠爱有加，分外关照，或许，这里还应加上家族的另一家酒庄达玛雅克酒庄（Château D'Armailhac）才更全面。这些证明，女男爵的严格要求和管理权限，不仅限于一级庄木桐酒庄，而且还遍布家族的其他列级酒庄。需要特别说明的是，在米龙修士庄的酒标图案上，有"一对跳快步舞的情侣"，原物是件宝石雕刻作品，出自16世纪的一位德国金银匠之手，现收藏于木桐酒庄著名的"葡萄酒艺术"博物馆内。事实上，这件作品取意高远，内涵深湛，象征了子承父业、薪火相传。

P298：精致的城堡、现代化的发酵车间，都无法媲美排满橡木桶的葡萄酒窖。

P301：作为菲利普男爵的天才之作，木桐庄博物馆提供了关于“葡萄酒艺术”的众多展品，成为家族旗下诸多酒庄设计酒标的灵感之源。

夸哉－巴日酒庄

CHÂTEAU CROIZET-BAGES

波雅克 Pauillac

夸哉·巴日酒庄不再拥有城堡的历史，少说也有100多年了。实际上，今天姑且算作其城堡的那座房舍，建于1875年，位置在波雅克河岸码头，这与岗－皮伊·杜卡斯酒庄（Château Grand-Puy Ducasse）的情况一样，按照酒庄主人的意愿，城堡与葡萄园相距甚远。在“美好时代”（指1870年～1914年的法国经济发展期－译者注）时期，人们还认识不到，对酒庄来说，城堡起到广告和形象的作用，如今，城堡已成为酒庄必不可少的一部分；正因如此，当时的城堡主人毫无遗憾地卖掉了城堡，以便全身心地打理酒庄的农田。

1930年，这座失去城堡的酒庄，成为保罗·吉耶（Paul Quié）先生的领地，直到今天，酒庄仍由他的儿子让－米歇尔（Jean-Michel Quié）经营打理。他是酒庄最好的保管人，从不掩饰自己对这片葡萄园的眷恋，对他来说，这片葡萄园要比虚幻的城堡珍贵得多……

显然，1980年代的时髦和异想天开，并没有使让－米歇尔·吉耶迷失方向。对那些“葡萄酒工程师”的所谓发明和掺兑，以及那些葡萄酒大师“钻牛角尖”的做法，他从来都不赞同，他低声抱怨道：“这些家伙想要的酒，是用来品的，不是用来喝的。”这是酒农的诚实！正是由于夸哉·巴日酒庄刻意与这股潮流保持距离，我们今天才会惊讶地发现，酒庄竟然最符合当今的时代追求——淳朴简单；夸哉·巴日酒庄是个活生生的例子，它凭着其高品质的“淳朴简单”愉悦饮者。

显然，我们不应误解这里所说的“淳朴简单”，因为这是一种精心打造的“淳朴简单”……吉耶先生引用王尔德（1854年~1900年，英国著名作家和诗人。－译者注）的名言总结说：“很多‘简单’汇集在一起，必会得到复杂”，说这话时，吉耶先生仿佛

P303：酒窖深处，端挂着酒庄朴素而动人的徽章。

CHÂTEAU
CROIZET-BAGES
PAUILLAC

CHATEAU
CROIZET-
BAGES
5
200 H

不假思索，信手拈来。

曾几何时，酒界的时尚在于：少些单宁和硬朗，更易入口，单宁成熟，兼具果香和酸度；对于今天的潮流变化，吉耶先生感到庆幸，葡萄酒终于回归了自然，追求另一种架构！让我们品尝一下夸哉·巴日酒，闭上眼睛，双颊微凹，让最后几滴佳酿滞留齿舌之间，以理解这款美酒的特点：我们心仪的美酒应该是，酒体坚实，口味纯正，让人喝起来非常愉悦。这款酒应以原产地为荣；这里的人们，既是农学家，又是地质学家，凭借本地无与伦比的风土质量，他们最早确保了这一回归。

从这一角度看，酒庄近年取得的成就令人惊叹，但仍有相当多的工作要做；这些改良革新措施，使酒庄的原材料——葡萄果粒达到了业内最高水平。“我们在前期把上游工作做到尽善尽美，以便降低不确定性，减少出现大纰漏的风险”。当然，这并不能替代后期的人工酿造，恰恰相反，完美的酿造也是成功的一部分！吉耶先生解释道：“在最后阶段，正确的酿造非常重要，绝非像橄榄球触地得分那样简单。”无论如何，我们身处西南酿酒中心波尔多，那种追求绝对纯粹的想法也不可取！

P304：酒庄的发酵车间，兼有不锈钢（左图）和水泥发酵罐（上图），使用起来更为灵活。

坎特美乐酒庄

CHÂTEAU CANTEMERLE

上梅多克 Haut-Médoc

从波尔多出发，踏上梅多克中心地带蜿蜒曲折的省道，必会经过坎特美乐酒庄，它会是在路上最先遇到的几个列级酒庄之一，也是最引人注目的酒庄之一。酒庄漂亮的栅栏门透出一丝威严，庄内的大花园里，栽着许多古老树种，有的树长得比城堡还高，好一幅罗曼蒂克的画面。

如今，坎特美乐酒庄属于法国工程建筑相互保险公司，酒庄经理是菲利普·邓布里先生（Philippe Dambrine）。他经常驾着越野车在葡萄田里转来转去，每年冬天，他都要到精心维护的葡萄地里巡察，在一月清晨的蒙蒙细雨中，他督促着职工在田间修剪枝芽。“在葡萄田里，总会发生许多事。”他解释说。

酒庄面积大约87公顷，主要分布在三处，三块地大小相近，有时轮流耕种，有时养地休耕或更换葡萄品种……“它们也需要呼吸和再生，葡萄树是有生命的。”

如今，名酒圈子又回归于本原，注重酿酒技巧显得很落伍，那些信誓旦旦的“酿酒大师”们不得不自认技穷，人们重新把注意力集中在了葡萄树本身上面，这才是保证酒质的唯一根本。邓布里先生解释说：“从前，很长一段时期，大家重视葡萄产量；如今，取而代之的是，对葡萄质量的严格要求。对我们来说，产量多少已不是个好的衡量标准了。”

认真感受一下他们的关切，看看他们如何长年打理酒庄：这里有很多规矩，例如“轮种法则”，让不同地块在轮换中受益；还有1855年列级庄的法定限制，在这方面，品牌名气与其对应的土地同等重要，不能用其他地块产的酒去迎合时尚。

说到坎特美乐酒庄本身，邓布里先生认为：“我们最大的困难之一就是，无法得到酒庄的历史档案，

P307：酒庄城堡的不同侧面，有种奇特的修长风格。

这使得酒庄在传统经验的继承上出现断代。为此，我们不得不重新积累记录，一寸一寸地认识土地，一季一季地积攒经验，对葡萄种植来说，既往经验非常重要。”

距离酒庄城堡越远，你就越会感觉到它的厚重。考古发现，在中世纪时期，这里曾经是个河港，还有小山丘和古城堡的废墟，19世纪，这里曾修建铁路，严重破坏了这里的风景……

在我们看来，坎特美乐酒庄的灵魂，不在其酒窖和发酵车间内，而是存于其古老的葡萄树中；这些老树冒着严冬，在修剪整齐的葡萄田中，向我们揭示着酒庄主人们长年在此辛勤劳作的理由：他们发自内心地认为，自己不仅是酒庄世代相传链条中的一个环节，而是酒庄历史传承的一分子。

P308：历经1999年的暴风雨灾害，酒庄仍有一些老树存活下来。

1855

150年来的葡萄酒年份

本文简述了波尔多1855年列级酒庄近150年来的葡萄酒年份表现，包括1855年前的两个葡萄酒大年的年份。

本文摘自波尔多葡萄酒经纪人“塔斯特&洛顿”公司的档案资料，该公司自1740年成立伊始，便建立了葡萄酒年份档案，直至今日。

1798 采收季开始时间：9月13日
产量：略高
质量：奇迹之年
评语：20年间最受推崇的年份，酒体丰满、味道醇厚、酒香浓郁。

1811 采收季开始时间：9月14日
产量：相当高
质量：优异
评语：最出色的年份酒，被戏称为“来自彗星的酒”。

1855 采收季开始时间：10月7日
产量：很低
质量：中等
评语：总体上说，被认为是好年份。

1856 采收季开始时间：10月1日
产量：很低
质量：中等偏下
评语：尚可。部分酒的口感中留有当年粉孢菌病虫害的痕迹。

1857 采收季开始时间：9月20日
产量：略低
质量：中等
评语：很普通的年份。

1858 采收季开始时间：9月20日
产量：相当高
质量：非常好
评语：酒质细腻优雅。

1859 采收季开始时间：9月23日
产量：略低
质量：中等
评语：有些酒庄葡萄酒的口感中有当年粉孢菌病虫害的痕迹。

1860 采收季开始时间：9月26日
产量：高
质量：差
评语：酒体轻。

1861 采收季开始时间：9月22日
产量：很低
质量：好
评语：5月6日出现霜冻。好酒，优雅。

1862 采收季开始时间：9月20日
产量：相当高
质量：中等
评语：一般的年份。

1863 采收季开始时间：9月23日
产量：略低
质量：中等
评语：有些酒庄的酒成熟度不够。

1864 采收季开始时间：9月17日
产量：非常高
质量：优异
评语：口感美妙，酒体圆润，成熟，酒香浓郁，架构严谨；完美无缺。

1865 采收季开始时间：9月6日
产量：非常高
质量：好
评语：酒好，成熟，但酿造艰难；酿制时间长。

1866 采收季开始时间：9月21日
产量：中等
质量：差
评语：很一般的年份。

1867 采收季开始时间：9月18日
产量：略低
质量：中等
评语：一般的年份。

1868 采收季开始时间：9月7日
产量：略高
质量：相当好
评语：中规中矩的年份。

1869 采收季开始时间：9月15日
产量：非常高
质量：很好
评语：出色的年份，完美全面。

1870 采收季开始时间：9月10日
产量：相当高
质量：很好
评语：非常好的年份，成熟度高，醇厚。

1871 采收季开始时间：9月18日
产量：相当高
质量：好
评语：酒体轻，但很优雅。

1872 采收季开始时间：9月22日
产量：略低
质量：中等
评语：欠缺优雅的年份。

1873 采收季开始时间：9月20日
产量：略低
质量：中等
评语：4月28日出现严重霜冻，艰难的年份。

1874 采收季开始时间：9月14日
产量：非常高
质量：很好
评语：很好的年份。

1875 采收季开始时间：9月24日
产量：非常高
质量：很好
评语：很好的年份，优雅。

1876 采收季开始时间：9月26日
产量：略低
质量：中等
评语：陈年潜力差。

1877 采收季开始时间：9月20日
产量：相当高
质量：好
评语：酒体轻，但有魅力。

1878 采收季开始时间：9月19日
产量：相当高
质量：很好
评语：葡萄酒大年。

1879 采收季开始时间：10月9日
产量：略低
质量：中等
评语：一般的年份。

1880 采收季开始时间：9月21日
产量：略低
质量：中等
评语：与1879年份相似。

1881 采收季开始时间：9月12日
产量：略低
质量：好
评语：好年份，酒体丰满、醇厚。

1882 采收季开始时间：9月20日
产量：略低
质量：中等
评语：酒体轻，较优雅，个别酒庄受到霉菌影响。

1883 采收季开始时间：9月26日
产量：中等
质量：中等
评语：酒体轻，不太令人兴奋。

1884 采收季开始时间：9月24日
产量：略低
质量：中等
评语：受到霉菌影响的艰难年份，但仍有几款优异的好酒。

1885 采收季开始时间：9月26日
产量：收成只有一半
质量：中等
评语：多数葡萄酒被霉菌侵蚀。

1886 采收季开始时间：9月20日
产量：略低
质量：中等
评语：与1885年份遇到同样的问题。

1887 采收季开始时间：9月17日
产量：收成只有一半
质量：好
评语：多亏了防治霉菌的措施，酒体醇厚、浓郁，完好无损。

1888 采收季开始时间：10月1日
产量：相当高
质量：好
评语：好年份，优雅。

1889 采收季开始时间：9月29日
产量：高
质量：好
评语：较好的年份，优雅。

1890 采收季开始时间：9月29日
产量：中等
质量：好
评语：酒体醇厚，色泽很好，非常好的年份。

1891 采收季开始时间：10月2日
产量：中等
质量：很一般
评语：葡萄成熟度不够。

1892 采收季开始时间：9月22日
产量：收成只有一半
质量：中等
评语：8月15日受西罗科气流影响，43度高温，葡萄干瘪，色泽很淡；优雅。

1893 采收季开始时间：8月15日
产量：极高
质量：好
评语：受到好评，但陈年后常令人失望。

1894 采收季开始时间：10月5日
产量：收成只有一半
质量：很一般
评语：酒质欠缺，口感青涩，酒体不丰满。

1895 采收季开始时间：9月22日
产量：中等
质量：中等
评语：气候炎热的一年，酿制艰难。但酿成的酒都很出色。

1896 采收季开始时间：9月20日
产量：非常高
质量：好
评语：细腻，精致。

1897 采收季开始时间：9月20日
产量：收成只有一半
质量：差
评语：很一般的年份。

1898 采收季开始时间：9月23日
产量：收成只有一半
质量：好
评语：口感欠柔和，但陈年后受到好评。

1899 采收季开始时间：9月24日
产量：高
质量：很好
评语：高品质的年份。

1900 采收季开始时间：9月24日
产量：非常高
质量：优异
评语：世纪大年。

1901 采收季开始时间：9月15日
产量：非常高
质量：很一般
评语：酒体薄。个别酒庄的葡萄酒发生了令人愉快的变化。

1902 采收季开始时间：9月27日
产量：略高
质量：差
评语：灾难性的年份。

1903 采收季开始时间：9月28日
产量：高
质量：差
评语：艰难的年份。

1904 采收季开始时间：9月19日
产量：高
质量：好
评语：陈年后的质量不稳定。

1905 采收季开始时间：9月18日
产量：高
质量：中等
评语：酒体轻，但很优雅。

1906 采收季开始时间：9月24日
产量：收成只有一半
质量：好
评语：非常醇厚。

1907 采收季开始时间：9月25日
产量：高
质量：中等
评语：酒体轻，优雅，与1905年份的酒相似。

1908 采收季开始时间：9月21日
产量：中等
质量：很一般
评语：口感欠柔和，缺乏魅力。

1909 采收季开始时间：9月26日
产量：中等
质量：很一般
评语：当时的好酒，但陈年后令人失望。

1910 采收季开始时间：10月10日
产量：收成只有1/4
质量：差
评语：灾难性的年份。

1911 采收季开始时间：9月20日
产量：中等
质量：相当好
评语：很炎热的年份。

1912 采收季开始时间：9月26日
产量：高
质量：差
评语：酒体架构欠缺。

1913 采收季开始时间：9月25日
产量：高
质量：差
评语：酒味淡薄，单宁欠缺。

1914 采收季开始时间：9月20日
产量：中等
质量：很一般
评语：本以为很好的年份，但陈年后令人失望。

1915 采收季开始时间：9月22日
产量：收成只有一半
质量：差
评语：与1910年份的酒相似。

1916 采收季开始时间：9月26日
产量：中等
质量：好
评语：酒体醇厚，略欠魅力。

1917 采收季开始时间：9月19日
产量：中等
质量：很一般
评语：酒体轻，气味芳香。

1918 采收季开始时间：9月24日
产量：中等
质量：中等
评语：酒体丰满，但口感欠柔和。

1919 采收季开始时间：9月24日
产量：高
质量：中等
评语：酒体轻，缺少点浓度。

1920 采收季开始时间：9月22日
产量：中等
质量：好
评语：仍有一些好酒。

1921 采收季开始时间：9月15日
产量：中等
质量：很好
评语：气候炎热的一年，陈酿困难。但仍酿出少许好酒。

1922 采收季开始时间：9月19日
产量：非常高
质量：很一般
评语：酒体轻，平淡。

1923 采收季开始时间：10月1日
产量：中等
质量：中等
评语：色泽淡，有些酒受到炎热气候影响。

1924 采收季开始时间：9月19日

产量：高
质量：很好
评语：部分葡萄酒仍然非常出色。

1925 采收季开始时间：10月3日
产量：高
质量：很一般
评语：青涩，成熟度不够。

1926 采收季开始时间：10月4日
产量：收成只有一半
质量：很好
评语：部分葡萄酒非常出色。特征明显。

1927 采收季开始时间：9月27日
产量：中等
质量：差
评语：8月、9月份的降雨量很大：令人失望的年份。

1928 采收季开始时间：9月25日
产量：中等
质量：优异
评语：出色的年份；有些酒口感欠柔和。

1929 采收季开始时间：9月26日
产量：中等
质量：优异
评语：世纪大年。

1930 采收季开始时间：10月1日
产量：收成只有一半
质量：差
评语：没有留下该年份的任何痕迹。

1931 采收季开始时间：9月25日
产量：中等
质量：很一般
评语：没有留下该年份的任何痕迹。

1932 采收季开始时间：10月15日
产量：收成只有一半
质量：差
评语：与1930和1931年份的酒相似。

1933 采收季开始时间：9月22日
产量：中等
质量：中等
评语：酒体轻，气味芳香。

1934 采收季开始时间：9月14日
产量：高
质量：很好
评语：有些好酒令人愉快。

1935 采收季开始时间：9月30日
产量：高
质量：很一般
评语：青涩，成熟度不够。

1936 采收季开始时间：9月25日
产量：中等
质量：很一般
评语：青涩，成熟度不够。

1937 采收季开始时间：9月20日
产量：中等
质量：很好
评语：仍有很多好酒。

1938 采收季开始时间：9月28日
产量：中等
质量：中等
评语：小年。

1939 采收季开始时间：10月2日
产量：非常高
质量：中等
评语：酒体轻，气味芳香。

1940 采收季开始时间：10月26日
产量：中等
质量：比较好
评语：小年。

1941 采收季开始时间：10月3日
产量：中等
质量：差
评语：很一般的年份。

1942 采收季开始时间：9月19日
产量：中等
质量：中等
评语：和1943年份一样，是这段时期最好的年份。

1943 采收季开始时间：9月19日
产量：中等
质量：很好
评语：有些酒表现出色。

1944 采收季开始时间：9月27日
产量：中等
质量：中等
评语：酒体轻，令人愉快。

1945 采收季开始时间：9月13日
产量：收成只有一半
质量：优异
评语：5月2日发生霜冻灾害：酒体浓，很多酒至今还年轻。

1946 采收季开始时间：9月30日
产量：中等
质量：中等
评语：青涩，成熟度不够。

1947 采收季开始时间：9月19日
产量：中等
质量：很好
评语：有些酒庄的年份酒富有传奇色彩，近乎完美：充满魅力的年份。

1948 采收季开始时间：9月27日–30日
产量：中等
质量：好
评语：有少量酒很出色。

1949 采收季开始时间：9月27日
产量：中等
质量：很好
评语：出众的年份酒；与1947年份的酒相似。

1950 采收季开始时间：9月23日
产量：高
质量：好
评语：酒体轻，令人愉快。有些酒表现出色。

1951 采收季开始时间：10月9日
产量：中等
质量：很一般
评语：与1946年份的酒相似。

1952 采收季开始时间：9月17日
产量：中等
质量：很好
评语：架构严谨，单宁丰富，成熟时间长，个别酒表现出色。

1953 采收季开始时间：10月1日
产量：中等
质量：很好
评语：高贵经典：平衡、华丽、细腻、长久。

1954 采收季开始时间：10月10日
产量：中等
质量：很一般
评语：成熟度不够。

1955 采收季开始时间：9月29日
产量：中等
质量：很好
评语：架构严谨，浓度高，陈酿期长。有些酒表现出色。

1956 采收季开始时间：10月14日
产量：收成只有1/4
质量：很一般
评语：2月份出现灾难性的霜冻，很少甚至没有 产量。

1957 采收季开始时间：9月25日
产量：略低
质量：中等
评语：特征明显。除个别外，多数酒在陈年过程中质量下降。

1958 采收季开始时间：10月10日
产量：收成只有一半
质量：中等
评语：年景一般，个别较好。

1959 采收季开始时间：9月20日
产量：收成只有一半
质量：优异
评语：年景炎热干旱：酿制艰难。有些好酒可存放至今。

1960 采收季开始时间：9月15日
产量：中等
质量：中等
评语：酒体轻，陈年潜力有限。

1961 采收季开始时间：9月22日
产量：很小
质量：优异
评语：世纪大年。特征明显。

1962 采收季开始时间：10月1日
产量：高
质量：很好
评语：有魅力，引人品尝，令人愉快并想起1924年份。

1963 采收季开始时间：10月7日
产量：高
质量：很一般
评语：酒体孱弱，与1965和1968年份相似。

1964　采收季开始时间：9月28日
产量：高
质量：很好
评语：不均匀的成功年份：有些好酒陈年至今。

1965　采收季开始时间：9月30日
产量：高
质量：很一般
评语：与1963和1968年份的酒相似。

1966　采收季开始时间：9月20日
产量：中等
质量：很好
评语：经典年份，优雅高贵。1961年以来10年间最好的年份。

1967　采收季开始时间：9月25日
产量：中等
质量：相当好
评语：令人愉快的年份；可以饮用了。

1968　采收季开始时间：9月22日
产量：中等
质量：很一般
评语：与1963和1965年份的酒相似。

1969　采收季开始时间：9月23日
产量：小
质量：中等
评语：没有留下深刻回忆的年份。

1970　采收季开始时间：9月27日
产量：非常高
质量：很好
评语：富含单宁，不够柔和。好酒要等到21世纪才能成熟。

1971　采收季开始时间：9月27日
产量：小
质量：很好
评语：特征明显。优雅、柔和，好酒达到最佳状态。

1972　采收季开始时间：10月9日
产量：中等
质量：中等
评语：令人失望的年份。

1973　采收季开始时间：9月24日
产量：非常高
质量：中等
评语：除个别外，多数酒在陈年过程中每况愈下。

1974　采收季开始时间：9月26日
产量：高
质量：中等
评语：除个别外，多数酒在陈年过程中每况愈下。

1975　采收季开始时间：9月22日
产量：中等
质量：很好
评语：单宁丰富，质量不均匀；有些酒获巨大成功。

1976　采收季开始时间：9月13日
产量：高
质量：好
评语：夏季炎热，收成受影响。品质非常好，少部分因在采收期遭遇降雨而受损。

1977　采收季开始时间：10月5日
产量：小
质量：中等
评语：3月31日和4月9日出现霜冻。非常好的年份，单宁丰富，但口感欠柔和。

1978　采收季开始时间：10月8日
产量：中等
质量：很好
评语：经典年份，优雅，达到最佳状态。

1979　采收季开始时间：10月5日
产量：非常高
质量：好
评语：最好的酒平衡、和谐。

1980　采收季开始时间：10月8日
产量：中等
质量：相当好
评语：酒体轻，温顺，果味浓郁。

1981　采收季开始时间：9月28日
产量：中等
质量：好
评语：成熟度高。

1982　采收季开始时间：9月13日
产量：非常高
质量：优异
评语：出色的年份，可陈年到本世纪中叶。

1983　采收季开始时间：9月26日
产量：高
质量：很好
评语：充分发展的年份，非常出色。

1984　采收季开始时间：10月1日
产量：中等
质量：中等
评语：令人失望的年份。

1985　采收季开始时间：9月30日
产量：高
质量：很好
评语：出色的年份，与1986年份相似。

1986　采收季开始时间：9月26日
产量：非常高
质量：很好
评语：耐久藏的大年，尤其是梅多克产区的酒。

1987　采收季开始时间：10月1日
产量：中等
质量：相当好
评语：温顺，果香浓郁，优雅；适于快饮。

1988　采收季开始时间：9月28日
产量：非常高
质量：很好
评语：经典年份，宜久藏。

1989　采收季开始时间：9月4日
产量：高
质量：优异
评语：耐久藏的大年。

1990　采收季开始时间：9月12日
产量：非常高
质量：优异
评语：炎热的葡萄酒大年。口感好，极具有陈年潜质。

1991　采收季开始时间：9月30日
产量：很低
质量：相当好
评语：4月21日出现霜冻。发展充分的红酒。

1992　采收季开始时间：9月29日
产量：非常高
质量：一般
评语：红酒发展快速而充分。

1993　采收季开始时间：9月20日
产量：非常高
质量：相当好
评语：红酒发展快速。

1994　采收季开始时间：9月16日
产量：高
质量：好
评语：红酒经典年份。

1995　采收季开始时间：9月18日
产量：高
质量：很好
评语：均匀的好年份。名庄红酒柔顺而和谐。

1996　采收季开始时间：9月18日
产量：高
质量：很好
评语：耐久藏的大年，尤其是梅多克产区的酒。

1997　采收季开始时间：9月7日
产量：高
质量：好
评语：温顺、果香浓郁、充满魅力。

1998　采收季开始时间：9月23日
产量：高
质量：很好
评语：非常经典的年份，发展前景看好。

1999　采收季开始时间：9月25日
产量：高
质量：很好
评语：非常经典的年份，与1998年份的酒相似；有好的前景。

2000　采收季开始时间：9月20日
产量：高
质量：优异
评语：世纪大年（与1900年份相似）。

2001 采收季开始时间：9月25日
产量：非常高
质量：很好
评语：经典年份，前途无量。

2002 采收季开始时间：9月23日
产量：略低
质量：很好
评语：炎热的“印度之夏”拯救了当年年景。大有希望的年份。

2003 采收季开始时间：9月2日
产量：极低
质量：非常优异
评语：酷热的夏天。前景无限的葡萄酒大年。

2004 采收季开始时间：9月16日
产量：高
质量：很好
评语：非常经典的年份，潜力很大。

2005 采收季开始时间：9月22日
产量：中等
质量：优异
评语：世纪大年！

2006 采收季开始时间：9月18日
产量：低
质量：相当好
评语：酒质柔顺，富有魅力。

2007 采收季开始时间：9月19日
产量：低
质量：相当好
评语：白葡萄酒的好年景。

2008 采收季开始时间：10月1日
产量：极低
质量：很好
评语：好年景，在采收后的几个月间已逐渐显现出来。

2009 采收季开始时间：9月25日
产量：高
质量：优异
评语：世纪大年，红葡萄酒及贵腐甜白酒皆表现出色。

2010 采收季开始时间：9月27日
产量：中等
质量：优异
评语：世纪大年，红葡萄酒及贵腐甜白酒皆表现出色。

P315：波尔多葡萄酒经纪人“塔斯特&洛顿”公司1740年以来的档案摘要

Notes sur les récoltes de Vin du Médoc depuis 179

Années	Époque du commencement des Vendanges	Degré d'abondance de la Récolte	Qualité de l'année
1795	24 Septembre	peu abondante	très-bonne
1796	30 — " —	— d° —	médiocre - vins maigres
1797	2 Octobre	— d° —	— d° — — d° —
1798	13 Septembre	assez abondante	merveilleuse - cités pend[t] 20 ans vins pleins, corsés, veloutés
1799	5 Octobre	peu abondante	mauvaise
1800	23 Septembre	— d° —	— d° —
1801	14 — " —	— d° —	passable
1802	23 — " —		très-bonne mais inf[re] à 98
1803	25 — " —		moindre que 1802 toutefois bonne
1804	15 — " —		médiocre
1805	23 — " —	abondante	— d° —
1806	20 — " —	ordinaire	mauvaise
1807	11 — " —	petite	bonne
1808	13 — " —	ordinaire	bonne ordinaire
1809	6 Octobre	petite	très-mauvaise
1810	19 Septembre	ordinaire	passable
1811	14 — " —	assez abondante	des plus remarquables vins dits de la "Comète"
1812	21 — " —	très-ordinaire	ordinaire
1813	4 — " —	ordinaire	plate, médiocre
1814	29 — " —	— d° —	très-bonne
1815	25 — " —	très peu de vin	merveilleuse - au niveau des 1798 & 1811
1816	27 Octobre	1/4 d'année abond[te]	Détestable
1817	3 — " —	1/5eme de récolte	très-ordinaire
1818	17 Sept[bre] "	demi-récolte	très bonne quoiqu'un peu dure
1819	20 — " —	Bonne récolte ordinaire	Parfaite, admirable
1820	30 — " —	Bonne 1/2 récolte	Plate, sans couleur, ordinaire
1821	4 Octobre	moins qu'en 1819	Insignifiante, médiocre
1822	27 Août	Très-ordinaire	sèche, mais bonne cepend[t]
1823	7 Octobre	— d° —	Sans couleur, sans valeur, sans réputation d'abord: plus tard un grand succès d'élégance bien mérité
1824	4 — d° —	Très peu de vin	mauvaise
1825	11 Septembre	ordinaire (crayons noirs)	grande réputation, un peu surfaite
1826	20 — " —	assez abondante	médiocre
1827	20 — " —	abondante	très-bon vin
1828	15 — " —	ordinaire	non appréciée au début est devenue une très grande année [illegible]

酒庄地址及联系方式

271 达玛雅克酒庄
Château D'Armailhac
33250 PAUILLAC
Tél.：+33(0)5.56.73.20.20
Fax：+33(0)5.56.73.20.91
webmaster@bpdr.com
www.bpdr.com

242 芭塔叶酒庄
Château Batailley
33250 PAUILLAC
Tél.：+33(0)5.56.00.00.97
Fax：+33(0)5.57.87.48.61
domaines.boriemanoux@dia1.oleane.com

286 百家富酒庄
Château Belgrave
Vignobles Dourthe
33112 Saint-Laurent-Médoc
Tél.：+33(0)5.56.59.40.20
Fax：+33(0)5.56.59.40.46
belgrave@cvbg.com
www.dourthe.com

224 贝契维酒庄（龙船酒庄）
Château Beychevelle
33250 Salnt-Julien
Tél.：+33(0)5.56.73.20.70
Fax：+33(0)5.56.73.20.71
beychevelle@beychevelle.com
www.beychevelle.com

162 波瓦－冈特纳酒庄
Château Boyd-Cantenac
Cantenac
33460 MARGAUX
Tél.：+33(0)5.57.88.90.82
Fax：+33(0)5.57.88.33.27
contact@boyd-cantenac.fr
www.boyd-cantenac.fr

204 帕纳－杜克酒庄
Château Branaire-Ducru
33250 Saint-Jullen
Tél.：+33(0)5.56.59.25.86
Fax：+33(0)5.56.59.16.26
branaire@branaire.com
www.branaire.com

113 帕讷－冈特纳酒庄
Château Brane-Cantenac
33460 MARGAUX
Tél.：+33(0)5.57.88.83.33
Fax：+33(0)5.57.88.72.51
contact@brane-cantenac.com
www.brane-cantenac.com

183 加隆·西古酒庄
Château Calon Ségur
33180 Saint-Estephe
Tél.：+33(0)5.56.59.30.08
Fax：+33(0)5.56.59.71.51

291 卡梦萨酒庄
Château Camensac
Route de Saint-Julien
33112 Salnt-Laurent-Médoc
Tél.：+33(0)5.56.59.41.69
Fax：+33(0)5.56.59.41.73
chateaucamensac@wanadoo.fr
www.chateaucamensac.com

306 坎特美乐酒庄
Château Cantemerle
33460 MACAU
Tél.：+33(0)5.57.97.02.82
Fax：+33(0)5.57.97.02.84
cantemerle@cantemerle.com
www.chateau-cantemerle.com

167 冈特纳·布朗酒庄
Château Cantenac Brown
33460 MARGAUX
Tél.：+33(0)5.57.88.81.81
Fax：+33(0)5.57.88.81.90
infochato@cantenacbrown.com
www.chateaucantenacbrown.com

299 米龙修士酒庄
Château Clerc Milon
33250 PAUILLAC
Tél.：+33(0)5.56.73.20.20
Fax：+33(0)5.56.73.20.91
webmaster@bpdr.com
www.bpdr.com

128 科·埃斯图耐尔酒庄
Château Cos d'Estournel
33180 Saint-Estèphe
Tél.：+33(0)5.56.73.15.50
Fax：+33(0)5.56.59.72.59
estournel@estournel.com
www.cosestournel.com

294 科·拉博利酒庄
Château Cos Labory
33180 Saint-Estèphe
Tél.：+33(0)5.56.59.30.22
Fax：+33(0)5.56.59.73.52
cos-labory@wanadoo.fr

302 夸哉－巴日酒庄
Château Croizet-Bages
Rue de la Verrerie
33250 PAUILLAC
Tél.：+33(0)5.56.59.01.62
Fax：+33(0)5.56.59.23.39
jphiquie@net-up.com

266 杜扎克酒庄
Château Dauzac
1 avenue Georges-Johnson
Labarde
33460 MARGAUX
Tél.：+33(0)5.57.88.32.10
Fax：+33(0)5.57.88.96.00
andre.lurton@andrelurton.com
www.andrelurton.com

178 戴斯米哈酒庄
Château Desmirail
Cantenac
33460 MARGAUX
Tél.：+33(0)5.57.88.34.33
Fax：+33(0)5.57.88.96.27
desmirail.accueil@free.fr

124 都古－宝嘉龙酒庄
Château Ducru-Beaucaillou
33250 Saint-Julien
Tél.：+33(0)5.56.73.16.73
Fax：+33(0)5.56.59.27.37
je-borie@je-borie-sa.com
www.chateau-ducru-beaucaillou.com

209 杜哈－米龙酒庄
Château Duhart-Milon
33250 PAUILLAC
Tél.：+33(0)5.56.73.18.18
Fax：+33(0)5.56.59.26.83
www.lafite.com

100 杜夫－维旺酒庄
Château Durfort-Vivens
33460 MARGAUX
Tél.：+33(0)5.57.88.31.02
Fax：+33(0)5.57.88.60.60
infos@durfort-vivens.com
www.durfort-vivens.com

186 费里埃酒庄
Château Ferrière
33 bis，rue de la Trémoille
33460 MARGAUX
Tél.：+33(0)5.57.88.76.65
Fax：+33(0)5.57.88.98.33
infos@ferriere.com
www.ferriere.com

154 吉事客酒庄
Château Giscours
Route de Labarde
33460 MARGAUX
Tél.：+33(0)5.57.97.09.09
Fax：+33(0)5.57.97.09.00
giscours@chateau-giscours.fr
www.chateau-giscours.fr

254 岗－皮伊·杜卡斯酒庄
Château Grand-Puy Ducasse
Quai Antoine-Ferchaud
33250 PAUILLAC
Tél.：+33(0)5.56.11.29.21
Fax：+33(0)5.56.11.29.28
contact@cordier-wines.com
www.cordier-wines.com

250 岗－皮伊－拉寇斯酒庄
Château Grand-Puy-Lacoste
Domaines François-Xavier Borie
33250 PAUILLAC
Tél.：+33(0)5.56.59.06.66
Fax：+33(0)5.56.59.22.27
domainesfxborie@domainesfxborie.com

104 古贺·拉浩斯酒庄
Château Gruaud Larose
BP 6 33250 Saint-Julien
Tél.：+33(0)5.56.73.15.20
Fax：+33(0)5.56.59.64.72
gl@gruaud-larose.com
www.gruaud-larose.com

278 奥－巴日·里贝哈酒庄
Château Haut-Bages Libéral
33250 PAUILLAC
Tél.：+33(0)5.57.88.76.65
Fax：+33(0)5.57.88.98.33
infos@hautbagesliberal.com
www.hautbagesliberal.com

247 奥－芭塔叶酒庄
Château Haut-Batailley
Domaines François-Xavier Borie
33250 PAUILLAC
Tél.：+33(0)5.56.59.06.66
Fax：+33(0)5.56.59.22.27
domainesfxborie@domainesfxborie.com

74 奥比昂酒庄
Château Haut-Brion
33608 PESSAC Cedex
Tél.：+33(0)5.56.00.29.30
Fax：+33(0)5.56.98.75.14
info@haut-brion.com
www.haut-brion.com

142 迪桑酒庄
Château d'Issan
Cantenac
33460 MARGAUX
Tél.：+33(0)5.57.88.35.91
Fax：+33(0)5.57.88.74.24
issan@chateau-issan.com
www.chateau-issan.com

138 麒旺酒庄
Château Kirwan
Cantenac
33460 MARGAUX
Tél.：+33(0)5.57.88.71.00
Fax：+33(0)5.57.88.77.62
mail@chateau-kirwan.com
www.chateau-kirwan.com

42 拉斐酒庄
Château Lafite-Rothschild
33250 PAUILLAC
Tél.：+33(0)5.56.73.18.18
Fax：+33(0)5.56.59.26.83
www.lafite.com

220 拉芳－罗榭酒庄
Château Lafon-Rochet
33180 Saint-Estèphe

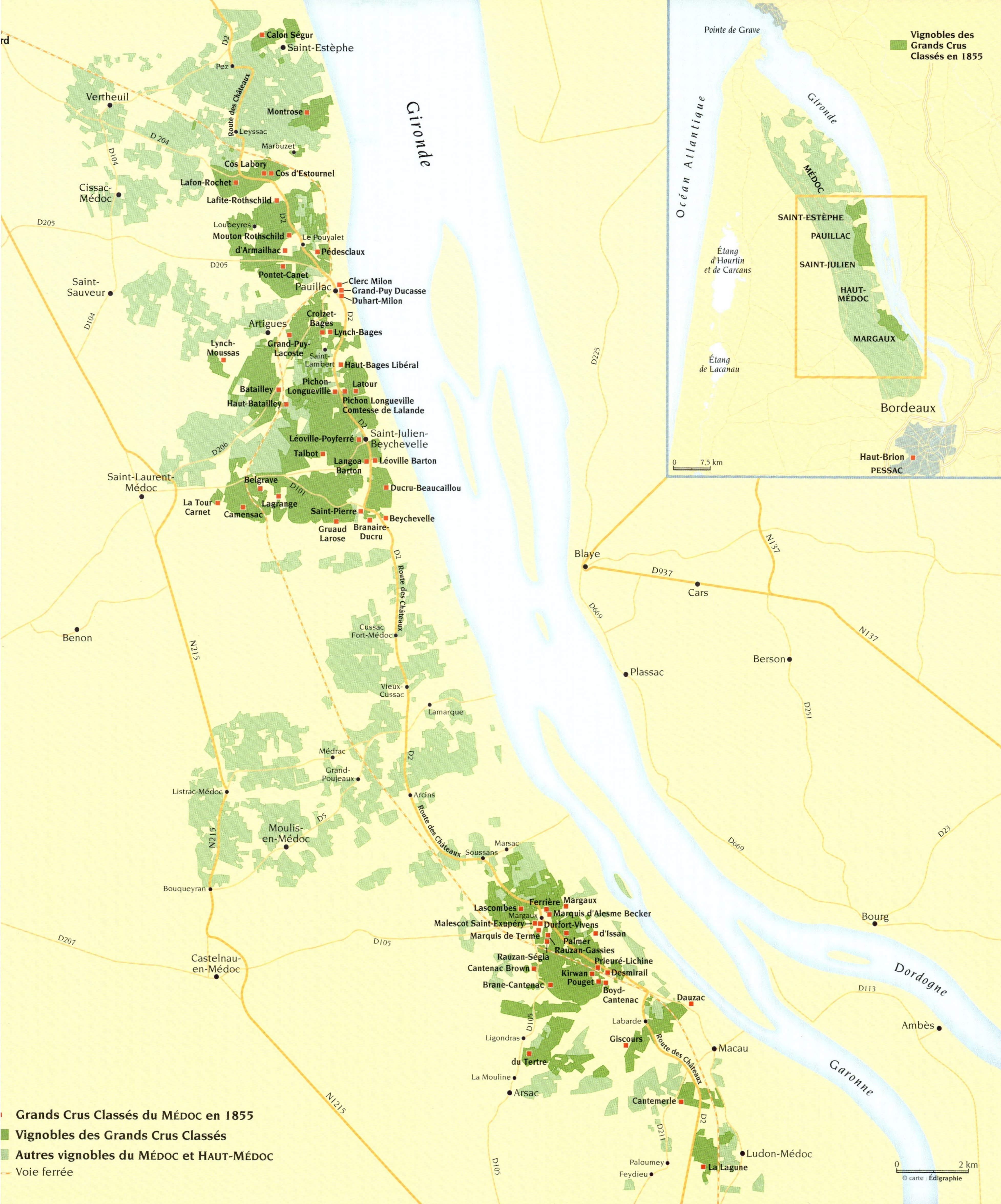

Gironde
Calon Ségur
Saint-Estèphe
Pez
Vertheuil
Montrose
Leyssac
Route des Châteaux
D 204
Marbuzet
Cos Labory
Cos d'Estournel
Lafon-Rochet
Cissac-Médoc
Lafite-Rothschild
D205
Loubeyres
Mouton Rothschild
Le Pouyalet
d'Armailhac
Pédesclaux
Pontet-Canet
Saint-Sauveur
Pauillac
Clerc Milon
Grand-Puy Ducasse
Duhart-Milon
Croizet-Bages
Lynch-Bages
Artigues
Lynch-Moussas
Grand-Puy-Lacoste
Saint-Lambert
Haut-Bages Libéral
Pichon-Longueville
Latour
Batailley
Haut-Batailley
Pichon Longueville Comtesse de Lalande
Saint-Julien-Beychevelle
Léoville-Poyferré
Talbot
Langoa Barton
Léoville Barton
Saint-Laurent-Médoc
Belgrave
Ducru-Beaucaillou
La Tour Carnet
Camensac
Lagrange
Saint-Pierre
Beychevelle
Gruaud Larose
Branaire-Ducru
D225
Blaye
D937
Cars
N137
D669
Benon
Cussac Fort-Médoc
Plassac
Berson
Vieux-Cussac
Lamarque
D251
Médrac
Grand-Poujeaux
Listrac-Médoc
Arcins
Moulis-en-Médoc
D5
Marsac
Soussans
Bouqueyran
Ferrière
Margaux
Lascombes
Marquis d'Alesme Becker
Malescot Saint-Exupéry
Durfort-Vivens
d'Issan
Marquis de Terme
Palmer
Rauzan-Gassies
Rauzan-Ségla
Prieuré-Lichine
Cantenac Brown
Kirwan
Desmirail
Pouget
Brane-Cantenac
Boyd-Cantenac
Dauzac
D207
D105
Castelnau-en-Médoc
Bourg
Dordogne
D113
Labarde
Ambès
Ligondras
Giscours
Macau
du Tertre
Garonne
La Mouline
Arsac
Cantemerle
N1215
D211
Ludon-Médoc
Paloumey
La Lagune
Feydieu
0 2 km
© carte : Édigraphie
Pointe de Grave
Vignobles des Grands Crus Classés en 1855
Océan Atlantique
Médoc
Saint-Estèphe
Pauillac
Étang d'Hourtin et de Carcans
Saint-Julien
Haut-Médoc
Étang de Lacanau
Margaux
Bordeaux
0 7,5 km
Haut-Brion
Pessac
Grands Crus Classés du Médoc en 1855
Vignobles des Grands Crus Classés
Autres vignobles du Médoc et Haut-Médoc
Voie ferrée

Tél.：+33(0)5.56.59.32.06
Fax：+33(0)5.56.59.72.43
1afon@lafon-rochet.com
www.lafon-rochet.com

146 拉刚日酒庄
Château Lagrange
33250 Saint-Julien
Tél.：+33(0)5.56.73.38.38
Fax：+33(0)5.56.59.26.09
chateau-lagrange@chateau-lagrange.com
www.chateau-lagrange.com

175 拉·拉贡酒庄
Château La Lagune
81 avenue de l'Europe
33290 Ludon-Medoc
Tél.：+33(0)5.57.88.82.77
Fax：+33(0)5.57.88.82.70
p.moulin@chateau-lalagune.com

151 朗歌·巴顿酒庄
Château Langoa Barton
33250 Saint-Julien
Tél.：+33(0)5.56.59.06.05
Fax：+33(0)5.56.59.14.29
chateau@leoville-barton.com
www.leoville-barton.com

108 拉斯贡酒庄
Château Lascombes
1，cours de Verdun-BP 4
33460 MARGAUX
Tél.：+33(0)5.57.88.70.66
Fax：+33(0)5.57.88.72.17
chateaulascombe@chateau-lascombes.fr
www.chateau-lascombes.com

50 拉图酒庄
Château Latour
Saint-Lambert
33250 PAUILLAC
Tél.：+33(0)5.56.73.19.80
Fax：+33(0)5.56.73.19.81
info@chateau-latour.com
www.chateau-latour.com

97 里奥威·巴顿酒庄
Château Léoville Barton
33250 Saint-Julien
Tél.：+33(0)5.56.59.06.05
Fax：+33(0)5.56.59.14.29
chateau@1eoville-barton.com
www.1eoville-barton.com

92 里奥威-波斐酒庄
Château Léoville-Poyferré
BP 8
33250 Saint-Julien
Tél.：+33(0)5.56.59.08.30
Fax：+33(0)5.56.59.60.09
lp@leoville-Poyferre.fr
www.leoville-Poyferre.fr

259 林奇-巴日酒庄
Château Lynch-Bages
33250 PAUILLAC
Tél.：+33(0)5.56.73.24.00
Fax：+33(0)5.56.59.26.42
infochato@lynchbages.com
www.lynchbages.com

262 林奇-慕萨酒庄
Château Lynch-Moussas
33250 PAUILLAC
Tél.：+33(0)5.56.00.00.97
Fax：+33(0)5.57.87.48.6l
phcasteja@dial.oleane.com

158 马莱斯科·圣埃克苏佩里酒庄
Château Malescot Saint-Exupéry
BP 8
33460 MARGAUX
Tél.：+33(0)5.57.88.97.20
Fax：+33(0)5.57.88.97.21
malescotsaintexupery@malescot.com
www.malescot.com

58 玛歌酒庄
Château Margaux
BP 31
33460 MARGAUX
Tél.：+33(0)5.57.88.83.83
Fax：+33(0)5.57.88.31.32
chateau-margaux@chateau-margaux.com
www.chateau-margaux.com

191 阿莱斯姆·贝克侯爵酒庄
Château Marquis d'Alesme Becker
33460 MARGAUX
Tél.：+33(0)5.57.88.70.27
Fax：+33(0)5.57.88.73.78
marquisdalesme@wanadoo.fr

233 德美侯爵酒庄
Château Marquisde Terme
3，route de Rauzan
33460 MARGAUX
Tél.：+33(0)5.57.88.30.01
Fax：+33(0)5.57.88.32.51
marquisterme@terre-net.fr
www.chateau-marquis-de-terme-.com

132 玫瑰山酒庄
Château Montrose
33180 Saint-Estephe
Tél.：+33(0)5.56.59.30.12
Fax：+33(0)5.56.59.38.48
www.chateaumontrose-charmolue.com

67 木桐酒庄
Château Mouton-Rothschild
33250 PAUILLAC
Tél.：+33(0)5.56.73.20.20
Fax：+33(0)5.56.73.20.91
webmaster@bpdr.com
www.bpdr.com

170 帕梅尔酒庄
Château Palmer
33460 MARGAUX
Tél.：+33(0)5.57.88.72.72
Fax：+33(0)5.57.88.37.16
chateau-palmer@chateau-palmer.com
www.chateau-palmer.com

283 贝德斯科酒庄
Château Pédesclaux
Padarnac
33250 PAUILLAC
Tél.：+33(0)5.56.59.22.59
Fax：+33(0)5.56.59.63.19
contact@chateau-pedesclaux.com

116 碧尚-龙维酒庄
Château Pichon-Longueville
33250 PAUILLAC
Tél.：+33(0)5.56.73.17.17
Fax：+33(0)5.56.73.17.28
infochato@pichonlongueville.com
www.chateaupichonlongueville.com

120 碧尚龙维，拉朗德伯爵夫人酒庄
Château Pichon Longueville,
Comtessede Lalande
33250 PAUILLAC
Tél.：+33(0)5.56.59.19.40
Fax：+33(0)5.56.59.26.56
pichon@pichon-lalande.com
www.pichon-lalande.com

238 庞特-卡内酒庄
Château Pontet-Canet
33250 PAUILLAC
Tél.：+33(0)5.56.59.04.04
Fax：+33(0)5.56.59.26.63
pontet-canet@wanadoo.fr
www.pontet-canet.com

212 宝爵酒庄
Château Pouget
Cantenac
33460 MARGAUX
Tél.：+33(0)5.57.88.90.82
Fax：+33(0)5.57.88.33.27
contact@boyd-cantenac.fr
www.pouget.fr

228 彼奥雷-李奇酒庄
Château Prieuré-Lichine
34 Avenue de la Ve-République
Cantenac
33460 MARGAUX
Tél.：+33(0)5.57.88.36.28
Fax：+33(0)5.57.88.78.93
contact@prieure-lichine.fr

89 侯赞-佳希酒庄
Château Rauzan-Gassies
Rue A.-Millardet
33460 MARGAUX
Tél.：+33(0)5.57.88.71.88
Fax：+33(0)5.57.88.37.49
jphiquie@net-up.com

84 侯赞-塞格拉酒庄
Château Rauzan-Ségla
BP 56
33460 MARGAUX
Tél.：+33(0)5.57.88.82.10
Fax：+33(0)5.57.88.34.54

196 圣-皮埃尔酒庄
Château Saint-Pierre
Domaines Martin
33250 Saint-Julien
Tél.：+33(0)5.56.59.08.18
Fax：+33(0)5.56.59.16.18
domainemartin@wanadoo.fr

201 大宝酒庄
Château Talbot
33250 Saint-Julien
Tél.：+33(0)5.56.73.21.50
Fax：+33(0)5.56.73.21.51
chateau-talbot@chateau-talbot.com
www.chateau-talbot.com

274 杜·黛特酒庄
Châteaudu Tertre
Arsac
33460 MARGAUX
Tél.：+33(0)5.57.97.09.09
Fax：+33(0)5.57.97.09.00
dutertre@chateaudutertre.com

217 拉图·嘉内酒庄
Château La Tour Carnet
Route de Beychevelle
33112 Saint Laurent-Médoc
Tél.：+33(0)5.56.73.30.90
Fax：+33(0)5.56.59.48.54
www.la-tour-carnet.com

如需更多信息，请联系：
波尔多梅多克1855年列级酒庄协会
Conseil des Grands Crus Classés du Médoc

附录：波尔多1855年列级酒庄香港译名对照表

法文名	香港译名
Château Lafite-Rothschild	拉斐酒庄（拉菲酒庄）
Château Latour	拉图酒庄
Château Margaux	玛歌酒庄
Château Mouton-Rothschild	木桐酒庄（武当酒庄）
Château Haut-Brion	奥比昂酒庄（奥比安、红颜容、侯伯王酒庄）
Château Rauzan-Ségla	瑚赞－塞格拉酒庄
Château Rauzan-Gassies	瑚赞－歌仙酒庄
Château Léoville Las Cases	雄狮酒庄
Château Léoville-Poyferré	乐夫普勒酒庄
Château Léoville-Barton	乐夫巴顿酒庄
Château Durfort-Vivens	杜夫－维旺酒庄
Château Gruaud Larose	拉露丝酒庄
Château Lascombes	力士金酒庄
Château Brane-Cantenac	布兰尼－康蒂酒庄
Château Pichon-Longueville-Baron	碧尚－拉龙酒庄
Château Pichon-Longueville, Comtesse de Lalande	拉郎德伯爵夫人酒庄
Château Ducru-Beaucaillou	宝嘉龙酒庄
Château Cos d'Estournel	爱士图尔酒庄
Château Montrose	玫瑰山酒庄
Château Kirwan	麒麟酒庄
Château d'Issan	迪仙酒庄
Château Lagrange	拉虹酒庄
Château Langoa-Barton	朗歌巴顿酒庄
Château Giscours	吉事客酒庄
Château Malescot Saint-Exupéry	玛乐事酒庄
Château Boyd-Cantenac	波伊－康蒂酒庄
Château Cantenac-Brown	康蒂－布朗酒庄
Château Palmer	帕尔梅酒庄（彭玛酒庄）
Château La Lagune	拉贡酒庄
Château Desmirail	得世美酒庄
Château Calon-Ségur	卡龙世家酒庄
Château Ferriére	费里埃酒庄
Château Marquis d'Alesme-Becker	阿莱斯姆－贝克侯爵酒庄
Château Saint-Pierre	圣皮埃尔酒庄
Château Talbot	大宝酒庄
Château Branaire-Ducru	芭内－杜克酒庄
Château Duhart-Milon	迪阿－米龙酒庄
Château Pouget	宝爵酒庄
Château La Tour-Carnet	拉图－嘉内酒庄
Château Lafon-Roche	拉芳－罗榭酒庄
Château Beychevelle	龙船酒庄
Château Prieuré-Lichine	力仙酒庄
Château Marquis de-Terme	德美侯爵酒庄
Château Pontet-Canet	庞特－卡内酒庄
Château Batailley	芭塔叶酒庄
Château Haut-Batailley	奥－芭塔叶酒庄
Château Grand-Puy-Lacoste	拉寇斯酒庄（大鳄酒庄）
Château Grand-PuyDucasse	杜卡斯酒庄
Château Lynch-Bages	林贝吉酒庄（靓次伯酒庄）
Château Lynch-Moussas	浪琴慕沙酒庄
Château Dauzac	杜扎克酒庄
Château d'Armailhac	达玛雅克酒庄
Château du Tertre	杜黛尔酒庄
Château Haut-Bages Libéral	奥巴里奇酒庄
Château Pédesclaux	百德诗歌酒庄
Château Belgrave	百家富酒庄
Château Camensac	卡蔓沙酒庄
Château Cos-Labory	寇丝－拉博利酒庄
Château Clerc-Milon	米龙修士酒庄
Château Croizet-Bages	歌碧酒庄
Château Cantemerle	坎特美乐酒庄

酒庄译名说明：

关于1855年列级酒庄的中文译名，现在市场上非常混乱，用的较多的是香港译名，源自英文和粤语发音，按此发音在法国买酒常闹误会。因此，本书在翻译过程中，经与波尔多1855列级酒庄协会协商，决定主要依据法语发音来翻译酒庄名称，同时参考香港译名，以帮助国内的法国葡萄酒爱好者。随附香港译名对照表，仅供参考。

本书在翻译过程中，得到了郭晟先生、王蓉女士、考瑄先生的大力帮助，特此感谢。

鸣谢

本书的策划出版，旨在纪念波尔多葡萄酒1855年分级体制创立150周年。在此，波尔多梅多克1855年列级酒庄协会衷心感谢弗拉马里翁出版社（FLAMMARION），特别感谢Ghislaine Bavoillot的精益求精，感谢Nathalie Démoulin和Sylvie Ramaut的热心而高效率的工作。同时感谢波尔多葡萄酒经纪人“塔斯特&洛顿（Tastet&Lawton）”公司向我们公开了其历史档案资料，使我们能了解到波尔多1855年至今150多年来的葡萄酒年份情况，尤其是Daniel Lawton先生和Erik Samazeuilh先生。感谢François Laforet和Guy Charneau先生。特别感谢巴卡拉（Baccarat）水晶工坊。

本书的出版，得益于波尔多团队与巴黎团队间的密切合作。他们都对本书充满激情，向我们展示了全部60家酒庄，其共同目标就是，酿出伟大的葡萄酒。如果没有协会主席卡斯德亚先生（Philippe Castéja）的激情、努力和斡旋，如果没有协会经理波瓦尔先生（Sylvain Boivert）的奉献，这本厚达320页的书就不可能问世。还要感谢让－保尔·考夫曼（Jean-Paul Kauffman）、休·约翰逊（Hugh Johnson）、小德维·马卡姆（Dewey Markham Jr.）、葛纳利·冯·洛文（Cornelis Van Leeuwen）、弗兰克·费兰（Franck Ferrand）、克里斯第安·萨拉蒙（Christian Sarramon）的宝贵参与。关于本书的英文版和德文版，非常感谢Katie Mascaro和Jane Riordan。

正文作者弗兰克·费兰在此衷心感谢1855年列级酒庄协会的卡斯德亚先生和波瓦尔先生为其走访酒庄提供便利，向众多酒庄的主人、经理和其他负责人致以崇高敬意，在他采访过程中，他们在百忙中给予了热情接待，有时是盛情款待，他们有100多人，不能一一列举，在此一并感谢。

摄影师克里斯第安·萨拉蒙特别感谢Patrick Duruy先生诚挚的友谊，感谢Jacqueline Duruy的美好晚宴，以及弗拉马里翁出版社负责本书出版的整个团队。